U0544958

金商道

The positive thinker sees the invisible, feels the intangible,
and achieves the impossible.

惟正向思考者，能察於未見，感於無形，達於人所不能。—— 佚名

奇異首位首席創新顧問　　呂佩憶　　全球研究影響力最強科學家
Vijay Govindarajan　　譯者　　Venkat Venkatraman
維傑・高文達拉簡　　作者　　文卡・文卡查曼

FUSION STRATEGY
How Real-Time Data and AI Will Power the Industrial Future

AI
融合策略

工業巨頭如何擁抱人工智慧、即時數據，
華麗轉型成未來智慧工業

獻給我的孫女們
Meera Govinda Stepinski（四歲）、Leila Raja Mirandi（九歲），
以及 Anya Govinda Stepinski（六個月）
——生於數位時代的她們，最能珍惜本書（如果她們看得懂就好了！）
——維傑

獻給我生命中的女性—我的母親、我妻子 Meera，
以及我女兒 Tara 和 Uma
—她們都以獨特的方式將數位注入生活中。
——文卡

世界各國讚譽

「《AI融合策略》為下一波數位化潮流描繪出一個引人入勝的願景，將 AI 與機器學習等新技術與傳統經濟融合。融合策略將成為新一輪競爭的戰場。這是一本出色的著作。」

——傑夫・伊梅特（Jeff Immelt），
奇異（GE）電器前董事長兼執行長；恩頤（Venture）投資創投合夥人

「《AI融合策略》幫助領導者理解如何透過協作智慧來創造競爭優勢——擁抱數據、AI 與其他數位技術的力量。這將是解鎖價值創造與確保企業未來成功的核心關鍵。」

——謝利許・傑朱瑞卡爾（Shailesh Jejurikar），寶僑（P&G）公司營運長

「《AI融合策略》絕對會是工業公司戰勝新競爭者的方法。兩位作者精準掌握了未來 10 年應該做的工作重點。」

——英德拉・努伊（Indra K. Nooyi），
百事（Pepsi）前董事長暨執行長，亞馬遜（Amazon）董事

「這是一本讓商業領導人理解數據與 AI 力量的書，沒有繁瑣術語與技術語言。這是一本必讀書籍，可以幫助你了解如何融合真實與數位世界，釋放被困住的商業價值。」

——彼得・科爾特（Peter Koerte），
西門子（Siemens）首席技術長兼首席策略長，德國

「《AI 融合策略》不只是關於數據與 AI 的流行詞彙，為我們經濟的骨幹「工業領域」帶來急需的清晰思維與策略方向。」

——馬克・畢澤（Marc Bitzer），惠而浦（Whirlpool）執行長

「我強烈建議從事工業領域的高階經理人閱讀這本書，學習如何整合硬體與軟體，為顧客創造價值。」

——威默・卡普爾（Vimal Kapur），Honeywell 執行長

「《AI 融合策略》指引我們透過將競爭優勢程式化成為數據圖譜，來釋放龐大的價值。這是一本保持企業競爭力的路線圖。」
——格・達蕾拉（Que Dallara），Honeywell 網路前總裁兼執行長；現任美敦力（Medtronic）糖尿病事業部執行副總裁與總裁

「《AI 融合策略》是一部重要的著作，提醒領導者即時的深入見解已超越實質資產，成為企業必須追求的最寶貴競爭優勢。」

——N. 錢德拉塞卡蘭（N. Chandrasekaran），塔塔（Tata）集團董事長；
前塔塔資訊服務公司執行長，印度

《AI 融合策略》是一本關於運用數據與人工智慧的力量，在這個時代中生存與繁榮的傑作。我們建議所有的客戶——從董事會、高層主管到各部門的經理——都應該閱讀這本書。

——琳達・亞特斯（Linda Yates），Mach49 創辦人兼執行長

「作者研究數位企業如何在輕資產的經濟領域中成功，並分享在這個環境中尋找方向與致勝的實用智慧。《AI 融合策略》將成為我們理解如何致勝的語彙之一。」

——馬克・凱斯柏（Marc N. Casper），
賽默飛世爾（Thermo Fisher）科技董事長、總裁兼執行長

「結合實用建議、引人入勝的案例研究以及清晰的寫作風格，《AI 融合策略》是工業公司領導者在面對顛覆性變革時必讀的一本書。強烈推薦。」

——史考特・安東尼（Scott D. Anthony），Innosight 高級合夥人；
《雙軌轉型》《Eat, Sleep, Innovate》作者

「本書為全球企業提供一個出色且實用的架構，以打造自身的融合策略。在這充滿挑戰的時代，維傑・高文達拉簡與文卡・文卡查曼為企業指引了方向，如同一顆北極星。」

——瀨戶欣哉（Kinya Seto），驪住（Lixil）社長兼執行長，日本

「閱讀《AI 融合策略》對我來說是一場真正拓展思維的體驗。憑藉深厚的實證研究與深思熟慮，維傑‧高文達拉簡與文卡‧文卡查曼展示了工業生產與突破性數位科技融合所帶來的壯麗前景──由不只是聰明，而且極具智慧的智慧機器所驅動。」

──穆克許‧安巴尼（Mukesh D. Ambani），

信實工業（Reliance Industries）董事長兼董事總經理，印度

「融合未來已經到來。這本及時的書清晰展現工業巨擘如何從非數位轉型為具備數位見解企業的邏輯。我強烈推薦這本書給所有工業公司的領導者。」

──阿南德 馬恆達（Anand Mahindra），

馬恆達（Mahindra）集團董事長，印度

「本書提出了令人信服且嶄新的思維，指引產業老將如何轉型以取得勝利。因此，《AI 融合策略》對印度來說特別重要──不只是對企業，也對決策官員也是──以將印度打造成全球智慧產業策略的核心。」

──蘇達山‧凡努（Sudarshan Venu），TVS 摩托公司常務董事，印度

「《AI 融合策略》的出版時機無比契合，它有如一盞明燈，為工業領導者指引如何運用 AI 技術，透過智慧流程打造智慧產品的道路。」

──喬許‧富格（Josh Foulger），巴拉特（Bharat）常務董事，印度

「將可擴展至公司外部的豐富數據圖譜這個概念，在發展以顧客為中心的價值創造策略方面極具力量，不只是以數位實現成本領先或產品強化。我相信這本書將激發許多工業公司從「產品」轉向「融合解決方案」的思考與行動。我非常喜歡閱讀《AI融合策略》，它將成為我未來思考策略與價值創造的重要參考。」

——T.V. 納蘭德蘭（T.V. Narendran），
塔塔鋼鐵公司執行長兼董事總經理，印度

「《AI融合策略》及時提醒我們，B2B業務的經營方式已被數位技術與AI徹底改變。擁抱這個現實並建立融合策略的思維，將有助於工業企業區隔競爭、開啟全新價值。理解數據圖譜與AI熟練度的角色、實體與數位生態系統的融合、下一波競爭戰場，以及網路在長期價值交付中的重要性，這些都將成為關鍵。本書令人深思（同時催人行動），為我提供了極具洞察力的策略觀點。」

——艾德蒙・斯肯隆（Edmond Scanlon），
開利（Kerry）集團執行長，愛爾蘭

「數據流的研究是改善產品、流程與績效的重要工具。在《AI融合策略》一書中，維傑・高文達拉簡與文卡・文卡查曼深入探討，如何透過數據圖譜動態呈現工作流程，帶來新一波工業化浪潮。本書充滿產業實例與四步驟實施指南，對於想要運用科技與數據科學的力量來顛覆傳統產業架構的人來說，將會非常有幫助。」

——納蘭亞納・默西（Narayana Murthy），印福思（Infosys）創辦人，印度

推薦序

讓 AI 變成真正的策略

文｜邱奕嘉博士

不久前，在一場企業內訓中，我問了一個看似簡單的問題：「當你們說要導入 AI，是想提升效率，還是重新定義價值？」現場忽然安靜了下來。

大家都知道 AI 重要，但該怎麼用，卻很少有人能講得清楚。對多數企業而言，AI 不只是買系統與建模型那麼簡單，而是會牽涉到產品與服務交付，甚至是整個價值創造、傳遞與變現的邏輯都需要重新思考。《AI 融合策略》這本書，正是為了解這些核心問題而寫。

書中提出的「融合策略」並不是一句口號，而是一整套能落地的方法論。它的出發點是數據，但並不是「數據多就有答案」那麼簡單。兩位作者強調，企業若能掌握來自產品與服務實際使用過程中的即時數據，並加以結構化、持續累積，就有機會建立起自己的「數據

圖譜」。這張圖譜必須具備三個條件：夠大（規模）、夠廣（範圍）、夠快（速度），才能真正發揮 AI 應用的價值，讓企業不再只是資訊收集者，而是策略的重新定義者。

接著，書中提出四種可以依企業情況選擇並可併行發展的融合策略：從強化單一機器與模組的「**融合產品**」，延伸到與服務結合、創造持續性關係的「**融合服務**」，再到模組化整合與數據互通的「**融合系統**」，以及與不同對象合作，共創成果、解決問題的「**融合解決方案**」。這四類策略之間沒有線性順序，也不是每個企業都要照單全收，而是要根據自身的成熟度、組織條件與市場定位，有策略地切入、組合與調整。第 5 到第 8 章針對這四種融合策略，不只拆解數據邏輯、AI 角色與營收模式，也清楚指出企業應如何依循「建構、組織、加速、變現」這四個實踐步驟，把策略變成行動。

本書作者更進一步深入指出轉型真正困難之處，在於組織設計與領導思維的重構。第 9 章提出的五項「融合原則」，點出企業最常卡關之處，並提出具體建議。像是：不要期待一步到位，而要設計出能分階段釋放價值的路徑；不是讓 AI 取代人，而是打造真正的人機協作；不是閉門造車，而是跳出自我中心，和生態圈共建數據網路效應；中階幹部不是被轉型的對象，而是落實轉型的關鍵力量；而領導者最該掌握的，不是技術細節，而是一份清楚可對齊的策略記錄，讓組織有方向、有步驟地走下去。

書中援引了許多知名企業的實務案例，像是強鹿（John Deere）、勞斯萊斯（Rolls-Royce）、特斯拉（Tesla）等，展現了不同產業如何依自身條件擬定融合策略。不只是傳統製造業，許多服務業、零售業甚至非數位原生企業，也都能以數據圖譜為基礎，重構價值鏈與商業模式。

多年來，我陪伴不同產業的企業主與團隊，走在企業成長與策略再造的路上。愈來愈清楚，**數據不只是資源，而是重新設計價值的起點**。而這個起點，唯有透過 AI 的參與，才能推動企業走得更深、更遠。透過數據圖譜與融合策略，企業可以重新梳理，自己究竟為誰創造價值，又該如何設計出一條可持續變現的路徑。

《AI 融合策略》最可貴的地方，不在於告訴我們 AI 多重要，而是在於它用企業聽得懂的語言，說明該怎麼做。它能幫助企業真正從數據出發，走向價值重構與行動落地。對正處於關鍵轉型時刻的企業領導人而言，這是一本值得深入思考、攜手實踐的好書。

（本文作者現為政大科智所教授，借調商周 CEO 學院擔任院長一職）

AI融合策略

目錄

世界各國讚譽	4
推薦序　讓AI變成真正的策略　　　邱奕嘉	9

第I部　鋼鐵與晶片的融合

第1章｜工業時代只是序章	17
第2章｜數位新創擊敗消費品巨頭	39
第3章｜工業巨頭正在反擊	61
第4章｜簡介四大融合戰場	81

第II部　四大融合戰場

第5章｜戰場一：融合產品	101
第6章｜戰場二：融合服務	125

第7章｜戰場三：融合系統　　　　　　　　　　　　　　　149

第8章｜戰場四：融合解決方案　　　　　　　　　　　　173

第III部　在融合未來致勝
第9章｜融合策略的原則與執行　　　　　　　　　　　　197

後記　　理論基礎及行動呼籲　　　　　　　　　　　　　219

致謝　　　　　　　　　　　　　　　　　　　　　　　　227

資料來源　　　　　　　　　　　　　　　　　　　　　　230

第 I 部

鋼鐵與晶片的融合

第 1 章

工業時代只是序章

產業世界正式啟動數位化的起點

100 兆美元。是「兆」這個單位你沒看錯。100 兆是當今世界的國內生產總值（GDP）。在這龐大的經濟體中，其中將近 75% 來自傳統製造業、採礦業、運輸業、物流業、營建業和醫療保健產業。這些產業目前尚未受到數位科技的重大變革所影響，但是這種情況即將改變，而且來得比你想像得還快。

如果問那些以輕資產為主的市場領導者——例如廣告、攝影、音樂、媒體和娛樂等產業翹楚——他們對數位科技影響的看法，他們會異口同聲地說：這些技術已經徹底改變了產業根基。相對地，那些錯估數位科技對商業策略重要性的市場領導者，最終都被原生數位公司（born-digital，成立時就是數位科技）取而代之。像網飛（Netflix）和 Spotify 這類相對是產業新兵的企業，已經成為市場規則的制定者，他們善用用戶資料和人工智慧的力量，發展出全新的競爭優勢。

曾經有一段時間，人們普遍認為數位科技的影響僅限於輕資產、資訊密度的產業。過去 20 年來，創新、顛覆與轉型的浪潮主要發生在「企業對消費者（business-to-consumer，B2C）」產業，而這股力量，很大程度上是來自行動科技的推動。

如今，商業世界現在正處於下一個關鍵轉折點，硬體、軟體、應用程式、雲端運算、資料、演算法、生成式人工智慧（Gen AI）、混合實境（mixed reality）等技術正快速演進。這些技術，無論是單獨運作還是相互融合，都將重新塑造全球經濟的運作方式。雖然這些技術確實對企業獲利能力構成威脅，但它們同時也是推動價值創造和價值獲取在全球各產業中進化的最大動力。這正是為何值高達 75 兆美元、佔全球 GDP 75% 的「產業數位化市場」如此重要的原因。

歷史或許會記住這一刻，認為這是產業世界正式啟動數位化的起點──在經歷數次嘗試未果後，這一次終於邁開腳步。借用莎士比亞的話來說，這個關鍵時點將證明：**「過去只是序曲，而未來，正以驚人的速度展開。」**

到目前為止，全世界實際被「編碼」或「數位化」的資料與內容，仍只是一小部分而已。（見圖 1-1）。所謂的「融合前沿」（fusion frontier）是一種未來狀態，在這種狀態下，實體產品將全面嵌入感應器、軟體與即時遠端通訊系統（telematic）功能，實現實體世界與數位世界的無縫整合。這將提升企業資產的生產力，並透過運用來自不同環境觀察所獲得的數據和演算法，提供量身打造的商業解決方案。在這個融合前沿裡，工業公司的成功關鍵，不再只是靠設計與製造精良

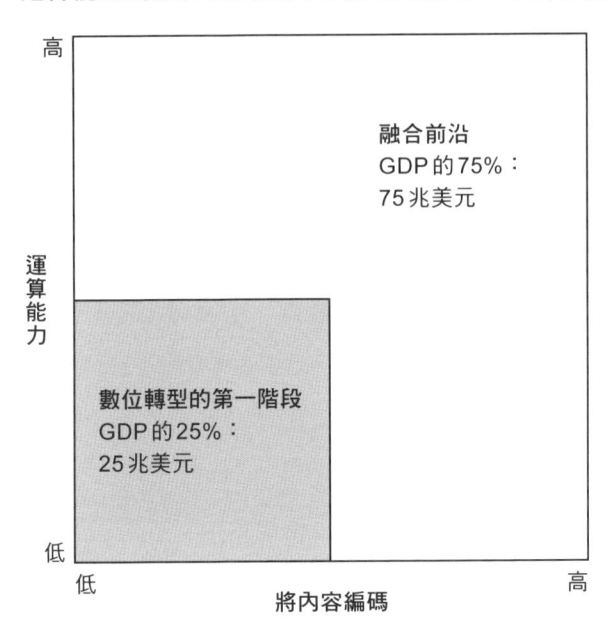

圖1-1 運算能力的提升以及將內容編碼的機會，帶動了融合前沿

```
高
↑
運           融合前沿
算           GDP 的 75%：
能           75 兆美元
力
    ┌─────────────┐
    │ 數位轉型的第一階段 │
    │ GDP 的 25%：    │
    │ 25 兆美元       │
    └─────────────┘
低
   低    將內容編碼    高
```

的機械，而是要確保這些機械能夠滿足個別客戶的特定需求。放眼未來，這個融合世界還可以將更多內容數位化，例如個人的醫療與保健記錄、能源電網營運資料、城市交通的動態地圖、商業和住宅建築的使用狀況、農業與農作物監測儀表板、糧食與物資分配情況等等。

如何掌握數位化帶來的全新價值？

這一切都要靠量子運算能力、更強大的設備、以及連接至雲端的高效裝置與工業系統。問題在於：工業公司要如何掌握這股全新的價

值來源？

過去 4 年來，我們深入研究了來自輕資產與資產密集型產業的數位巨頭、新創公司和工業製造商。我們對許多企業的高層主管進行大量的訪談，例如福特（Ford）、多佛集團（Dover）、丹納赫（Danaher）、賓士（Mercedes-Benz）、強鹿（John Deere）、大疆創新（DJI）、奇異（GE）、通用汽車（GM）、Honeywell、馬亨達集團（Mahindra & Mahindra）、勞斯萊斯（Rolls-Royce）、三星、西門子（Siemens）、驪住（LIXIL）、TVS 機車公司（TVS Motor）、惠而浦（Whirlpool）等，而且我們還與其中一些公司合作。根據這些案例研究，以及對數位科技如何持續影響商業的縱向觀察，我們建立了一套思維架構，幫助工業公司在未來的競爭勝出。

我們稱之為「**融合策略（fusion）**」。

未來，企業將需要結合自身的優勢（製造實體產品）與數位企業的優勢（利用人工智慧解析龐大且彼此連結的產品使用數據），透過這樣的融合，企業才能打造出過去難以想像的策略連結。

強鹿用 AI + 數據精準除草

以強鹿為例，這家公司原本的競爭優勢來自於生產速度更快、力量更強、體積更大的設備。但是現在強鹿正積極布局數位未來。他們開發的精準噴灑（See & Spray）設備徹底革新了除草劑的使用方式──從傳統的全面噴灑轉變為精準的定點噴灑。這款自走式設備搭載一支大型碳纖維噴桿，臂上配備 36 部高速攝影機。系統內建 10 組

影像處理單元（vision processing unit），每秒可處理高達 4GB 的資料，系統應用深度學習演算法來即時區分農作物與雜草。一旦辨識出雜草，系統就會即時發送噴灑指令至對應噴嘴，即使機器以每小時 15 英里（約 24 公里）高速度行駛，也能精準噴灑。最初的版本只能辨識空地上的綠色雜草，而新一代系統則能偵測到農作物旁邊任何顏色的雜草。最終結果是：除草劑用量減少了 60%，農戶獲利也一併大幅提升了。

這項創新突破的關鍵，**不在於工業設備本身，而在於將數位領域與工業領域透過數據與人工智慧的融合**——對於過去只設計大型工業機械的強鹿公司來說，這代表著一次重大的轉型躍進。

而這一切，才剛剛開始。競爭優勢的法則正在改變，**現在最具優勢的，不再是擁有最有價值的實體資產公司，而是擁有最即時、最強大洞察能力的公司**。透過融合策略，企業不只能提升現有的產品價值，還能開發創新產品、新服務，甚至全新的問題解決方式。最後，人工智慧與即時數據的結合將會產生新一代商業模式，全面升級產品、策略與客戶關係。採取融合策略的企業，就能掌握前所未見的新價值；而無法跟上轉型步伐的企業，勢必落後於同業。

數據圖譜：驅動融合策略的核心基礎

本書目的，是要帶你看清當今商業世界正在如何迅速轉變，並最終引導你掌握如何善用即時數據與人工智慧，打造專屬於你自身的

「融合策略」。

但關鍵問題是——該怎麼做？

一切都是從數據開始的，數據是融合策略的核心。不只是一般數據，而是來自產品實際使用的即時數據。當企業能夠系統性累積這類數據，企業就能建立出一種名為「數據圖譜」（datagraphs）的架構，這些圖譜記錄企業與顧客之間透過使用產品產出數據建立的關係，這是本書所探討的融合策略一切基礎。接下來的 2 章將會詳細闡述數據圖譜概念，但現在先提供一個初步的概念輪廓：數據圖譜的概念來自於社交網路和圖形理論（graph theory）的邏輯所啟發，並仰賴人工智慧和機器學習（ML）所驅動。**數據圖譜的關鍵動能來自於數據網路效應（data network effects），當產品從使用者端收集越多資料時，產品就可以變得更加智慧**。舉例來說，谷歌（Google）的搜尋引擎隨著愈來愈多使用者輸入不同的搜尋詞彙而變得更加聰明。臉書（Facebook）則靠著來自近 30 億用戶貢獻的數據網路效應來推送個人化內容與廣告。

一旦這樣的運作機制啟動，就會形成一種正向循環。如果消費者認為這些基於數據的優化功能切合自身需求、具有實質價值，他們就更有願意持續使用這個產品，因而又促進了這個循環。在這樣的模式下，產品與客戶之間開始建立起一種數據連結（data bond），隨著時間越加深化。這些互聯關係發生在產品實際使用的場域；推薦的內容也會根據這些互動的環境下客製化；當推薦的內容能提升消費者的體驗時，價值便自然產生。

數據圖譜並不是靜態的結構圖，而是一種動態運作的資料呈現方式，背後的演算法機制能夠吸收更多數據、分析更多類型的數據，並進一步提供具體的行動建議。一間企業愈早開始收集產品使用數據並用來驅動商業演算法，系統就能愈早開始產生數據驅動的決策，公司的行動速度也就愈快，領先競爭對手的機率就越高。

　　數據圖譜帶來的優勢重新定義了「規模」與「範圍」，這是兩個策略關鍵概念[1]。在工業時代，企業透過增加銷售來擴大經營規模，取得更高的市占率。這個過程是線性且漸進式的擴張歷程，要視企業取得實體資本、人力資源和財務資源的能力而定。相較之下，**在數據圖譜驅動之下，規模擴張來自於建構一個生態系統，並且內部所有成員發揮互補角色**。舉例來說，通用汽車公司（GM）的規模，要視公司可以製造多少輛汽車而定，而優步（Uber）的規模，則要視公司能在其快速演變的生態系統內部安排多少次乘車服務而定。

　　我們都看過麥當勞門市「已服務超過 X 億顧客」的經典標語。但是每天、每月或每年追蹤賣出了多少個漢堡的做法已經不再有用了。在數據圖譜引領的新時代，領導者並不只在乎絕對數字，他們重視的是細節。他們會問：

「是誰在吃這些漢堡？」
「我們是否知道消費者在哪裡買漢堡？」
「在什麼時間購買的？」
「他們在購買之前或之後做了什麼？」

「他們搭配了什麼飲料？」

「為了更精確滿足消費者需求，我們對於消費者的年齡、性別、收入、地點、偏好與生活方式了解多少？」

「我們如何讓消費者在我們的平台上花更多的錢、感受值回票價，並確保消費者願意再次光臨？」

最重要的是，數位科技業與傳統工業在數據分析的方式，本質上是截然不同的[2]。舉例來說，Uber 分析超過 250 億趟行程的資料，而傳統計程車公司並沒有這樣的數據分析能力。網飛能夠精確追蹤用戶每一秒觀賞喜好，而有線電視公司與傳統電視網卻無法做到。Airbnb 詳細掌握旅客的住宿地點、時間長短、停留多久、做了什麼以及有什麼偏好，而傳統飯店集團所無從掌握的。

企業的「業務範圍」，已不再是傳統意義上的「鄰近產業」延伸。傳統工業擴展業務範圍的方式，通常是依賴現有的核心能力進入相近的產業，這類擴張需要打造實體基礎設施、招募人才，並投入大量資本。**而蘋果（Apple）、亞馬遜（Amazon）和谷歌則是透過收集、組織和分析數據，將自身業務擴展至許多看似毫不相關的領域。**數據圖譜將運用人工智慧的問題解決能力，幾乎能應用在任何產業中。這些數位科技業已經在實體資產負擔較輕的產業中展現了這方面的能力，而未來，這樣的數據與 AI 優勢也將逐步滲透至實體資產密集的傳統產業中。

傳統工業如何指數性擴張

這對傳統工業來說，無疑是一個警訊。數據圖譜帶來的深入見解使科技業能夠不斷擴展和成長，因此，傳統企業必須開始重新思考——如何使讓自身的業務規模與範圍呈現指數性擴張。

演算法賦予融合策略生命力

數據圖譜只是這個策略其中的一部分而已。要真正發揮價值，就必須讓演算法分析數據圖譜，進而提出可付諸行動的建議。

首先，企業高階主管可以進行「**描述性分析**」（descriptive analysis），以了解產品或服務「過去發生的事」。接著，再進一步運用「**診斷性分析**」（diagnostic analysis）深入挖掘結果背後的根本原因，進而確定「發生了什麼」追溯到「為什麼會發生」。這樣的歷史性分析，有如透過後視鏡來觀察過去的經營狀況一樣。

接下來，企業可以根據數據圖譜進行「**預測性分析**」（predictive analysis），透過數據來預測未來可能發生的事件，並依據整個客戶群的資料來評估發生的可能性。最後一個層次則是「**指示性分析**」（prescriptive analysis），提供明確可行的行動建議。當這四種分析——描述、診斷、預測和指示——根據數據圖譜並結合數據網路效應時，將帶來深刻且強大的洞見。

即時數據為數據圖譜與演算法提供養分，有助於傳統工業在融合

策略取得成功。沒有數據圖譜就沒有融合策略；沒有強大的演算法，數據圖譜就無法創造商業價值。**融合策略的基礎就是奠基在數據圖譜以及人工智慧之上。**

融合就是未來

是的，「融合」的確意味著使用數據圖譜、人工智慧和演算法。但是「融合」的意義比這還要大得多。廣義上來說，「融合」是指將兩個或更多元素結合在一起，形成一個單一個體的過程或成果。對於科學愛好者來說，「融合」可以指透過極端高溫使物質熔化，與另一個物體結合。音樂人「融合」描述不同風格的交織，例如爵士與搖滾，或者西方與傳統印度音樂。主廚則用「融合」料理結合了不同文化的烹飪元素，例如法式與日式、義式與印度風味的融合。

在工業數位化的背景下，「融合」可分為以下五大面向：

1. **實體與數位商業領域緊密連結**：將過去各自為政的職能無縫整合。現代的車輛本質上已成為連接雲端的電腦，而農用拖拉機則正蛻變為由聰明的農藝專家操控的工業機具。最新的建築則是具備自動控制系統的建築奇蹟。
2. **人機協作的深化**：人類與機器攜手合作，共同創造下一個專業能力與洞見的前沿。能夠善用智慧人才與強大機器集體智慧的公司，將擊敗未能掌握這種合作優勢的企業。

3. **數位思維滲透至傳統科學、人文與工程領域**：過去，運算技術和演算法被認為與醫學、法律、心理學、經濟學和金融學是截然不同的領域。但是現在每一門學科都受到數位科技的影響並因此變得更強大。舉例來說，農業的未來透過感應器和軟體實現永續耕作，醫學的前沿透過生物標記與量身訂作的療法實現個人化健康照護。藉由人工智慧支援的個別化教學，教育正在華麗轉型。

4. **各種實體與數位世界結合**：透過雲端串聯實體與虛擬世界，並透過數位分身（digital twins）、混合實境（mixed reality）及元宇宙（metaverses），企業得以即時掌握洞見。未來 10 年內，實體與數位世界結合，將使全球 GDP 每年增加 1% 以上[3]。除了提升效率與時效性之外，這項進展也能藉由減少有限資源的浪費，有助於保護地球。

5. **企業轉變為多元能力的組合式平台**：企業之間的深度連結，透過跨產業生態系統，企業轉變為多元能力的組合式平台。每一間公司早就已經開始依賴合作夥伴網路來達到成功。數位科技──尤其是數據互聯的科技進步──讓產品性能更優越、業務流程更精簡，並提供卓越的客戶服務。

我們稱之為「融合力量」（fusion forces）的這些驅動因素將形塑和重塑工業界的未來。過去無法負擔性價比（price-performance）廣泛運用，但隨著高效感測器、強大運算能力以及人工智慧的迅速崛起，

情勢正在迅速改變。

只要看看汽車產業就知道了。

▎汽車產業引領潮流

正如加拿大科幻小說家威廉・吉布森（William Gibson）所說：「未來已經來臨，只是分佈不均。」

在汽車產業，這項原本屬於類比時代的產品正逐步數位化；以「數據網路效應」取代「擁有實體資產」的模式，使得「移動即服務」（Mobility as a Service, MaaS）這樣的服務變得便宜可行。

舉例來說，如果沒有即時數據掌握各種交通工具的位置與可用性資料，我們就不可能打造出價格可負擔的共乘網路。我們之所以在本書中多次引用汽車產業的例子，因為這是大多數讀者都能理解的產業，且其中隱含的深刻啟示也可應用在其他工業領域。

到了 2024 年 1 月，在舊金山街頭看到自動駕駛汽車已成為日常景象——有些車輛仍有測試駕駛，而有一些則完全無人駕駛，載送乘客前往目的地。這些車輛是誰製造的？你可能會想猜是特斯拉（Tesla），那你就猜錯了。這些汽車屬於 Cruise（通用汽車旗下，與本田、微軟和沃爾瑪合作開發的公司）以及 Waymo（由谷歌母公司字母公司〔Alphabet〕所擁有）。

這不只是少數幾輛原型車而已，在路上開著的 Cruise 無人駕駛汽車有 100 輛，這些車並非僅在封閉的測試場地內運作，而是在繁忙的

舊金山街頭行駛。這些車輛並非科幻電影中的未來概念，而是經過改造、搭載新技術的現有車款，得以一窺未來趨勢樣貌。通用汽車大膽地透過Cruise實驗，努力轉型為一間融合型公司，它意識到競爭對手不只是其他汽車製造商，還包括谷歌的Waymo、特斯拉、比亞迪（BYD）、吉利（Geely）、Rivian、蔚來（Nio）等正在探索新方式來提升運輸與移動價值的新創公司。

與此同時，特斯拉早在2022年11月就開始推出「全自動駕駛」（Full Self-Driving，FSD）測試版。當傳統汽車製造商還忙著宣布「全電動化」或「碳中和」，以及未來只能銷售「數萬輛」電動車的銷售目標時，特斯拉已準備在2023年交付200萬輛電動車了。

傳統上，產量仍然是衡量汽車業主導地位的傳統指標，決定了汽車業如何運作的核心指標。但工業型企業必須擺脫過去的領導衡量指標，轉而採用新指標，這個指標能真實反映產品如何解決客戶問題。

特斯拉的高層理解「汽車產量」對華爾街而言有多重要，但他們的內部運作重點則專注於觀察汽車在行駛時的表現。透過車身上的多部攝影機，特斯拉工程師能夠監測每輛車行駛的每一英里，以便將硬體與軟體最佳化。相比之下，Cruise靠100輛汽車蒐集數據，而Waymo則是1,000輛，而特斯拉則是透過超過200萬輛車來收集數據。**每一輛特斯拉都設計成能串連實體與數位領域，能在行駛過程中不斷收集數據（融合力量1）。**

特斯拉之所以與眾不同，是因為自2016年起，每輛特斯拉都內建了「影子模式」（shadow mode），即使自動駕駛Autopilot功能未啟

動，車輛仍會模擬駕駛過程[4]。當演算法的預測與駕駛者的實際行為不符時，系統會記錄汽車攝影機畫面、車速、加速等參數，並將數據傳送至特斯拉公司。特斯拉的人工智慧團隊會審閱分析這些資料，找出人類的駕駛行為模式，作為訓練特斯拉公司的神經網路。舉例來說，團隊發現系統無法識別被樹木遮擋的路標，便會研究如何改進數據品質的方法。

聰明的人類與強大機器共同學習（融合力量2）。特斯拉的神經網路正透過全球越來越多的車輛累積的里程數持續優化。正如特斯拉執行長伊隆・馬斯克（Elon Musk）在2019年4月的特斯拉人工智慧日（Tesla AI Day）所說的：「基本上，無論是否啟動自動駕駛功能，每位駕駛都在訓練神經網路。」特斯拉從零開始打造一個專門用於機器學習的超級電腦平台——Dojo，並且正在開發超級運算能力來處理一系列任務：利用來自車隊的數據訓練神經網路、自動標記車隊的訓練影片，以及訓練神經網路來建構自動駕駛系統。像這樣使用即時多媒體資料的能力，遠遠超出大多數傳統汽車製造商的能力範圍。

讓策略專家興奮的是「生成式人工智慧」有能力徹底改造那些應用程式仍停留在史前架構中的工業。生成式AI最重大的影響將展現在工業應用時，如何使用多種類型的資料來獲取更深入的洞見。或許在與人工智慧相關的喧囂之中，最有可能被忽略的一點是，能高效處理序列資料的「轉換器神經網路（transformer neural networks）」，不只可用於建構如GPT-4這樣的大型語言模型（LLM），還能超越消費性應用（如生成文字、圖片、聲音、電腦程式碼和影片），這個技術

還可用於工業場景，例如幫助車輛理解複雜的交叉路口與可行駛路徑，或讓工業用機器人執行多樣化任務。

隨著生成式 AI 幫助人類變得更有效率、更具創造力，特斯拉的人工智慧模型將進一步提升自動駕駛的效能與安全性。對「產業專用語言模型」（industry-specific language model）的掌握，將日益成為決定企業是勝出還是落後的關鍵因素。

不久前，傳統汽車製造商曾經嘲笑電動車（EV）只是高級高爾夫球車，但是到了 2023 年傳統汽車製造商卻全力投入電動車市場。全球從內燃機轉向電池電動車的趨勢看來已不可逆。想在未來取勝，企業必須無接縫整合設計與製造能力，與硬體、軟體、應用程式、連網技術、車載資通訊系統（telematics）與資料分析等新興的數位科技。

越來越多傳統汽車製造商意識到，汽車必須被重新構思並設計成「在輪子上連線至雲端的電腦」。因此，**汽車製造商必須轉型為數位工程公司，具備傳統領域與數位科技核心能力（融合力量 3）**。賓士（Mercedes-Benz）和福斯（Volkswagen）汽車正在積極開發自有作業系統，並掌握軟體技術能力。Cruise 已經推出原型車「Origin」——這是一款零排放電動車，設計成完全不需要人類駕駛，摒棄了方向盤和遮陽板等以人為主的設計元素。Waymo 則與吉利旗下的 Zeekr 合作，開發出未來汽車原型，同樣取消了方向盤、油門與剎車。

元宇宙在汽車產業中的角色也逐步顯現。舉例來說，BMW 在利用輝達（Nvidia）的 Omniverse 平台打造工廠，讓人類與機器人能夠緊密協作，並讓工程師在虛擬空間中共同工作。透過設計與規畫工具產

生的逼真影像，BMW 能夠在工廠尚未實體落成前，評估生產系統中必須做出的關鍵取捨。除了設計工廠之外，**輝達的平台還幫助汽車製造商模擬高速公路與城市街道，以測試自動駕駛車輛的感知系統、決策能力與控制邏輯（融合力量 4）**。

儘管如此，汽車產業正處於十字路口。汽車的核心產品正迅速演變為數位工業產品，並依賴強大晶片系統（System-on-a-chip，SoC），由數百萬行軟體程式碼驅動。從設計、製造、組裝與交付整輛汽車的業務流程，也愈來愈受到數位分身（digital twins）與元宇宙驅動的數位環境支援。此外，服務交付日益個人化，依賴車聯網系統、雲端連接、空中下載技術（over-the-air，OTA）軟體更新，以及即時推播的建議。

更重要的是，汽車製造商正深度嵌入與傳統企業和數位科技公司共同編織的生態系統，以獲取互補能力並確保互通有無。通用汽車正與本田（Honda）、微軟（Microsoft）和沃爾瑪（Walmart）合作擴展 Cruise 的規模。通用汽車與 LG Chem 共同開發了 Ultium 電池與馬達，一旦規模化生產後邀請其他汽車製造商加入成為合作夥伴。現代汽車（Hyundai）和 Aptiv 共同成立的合資企業 Motional 也與 Uber 建立了自動駕駛接送與外送的合作關係。而特斯拉已將專利開放原始碼，可能會邀請其他汽車製造商使用 Dojo 超級電腦來提升自動駕駛系統的可靠性與安全性。

在企業紛紛透過策略聯盟來降低風險，無數新的聯盟正在形成。汽車產業的生態系統涉及競爭與合作並存的關係。許多傳統汽車製造

商已經擺脫過時的做法，融入新興網路，其中許多企業已宣布將加入特斯拉的美國充電網路。**Uber 是一個標準的融合公司，它將生態系統視為核心競爭力，它能在全球數千個城市中高效地媒合乘客與司機，並確保這些合作夥伴掌握即時數據來提供服務（融合力量 5）**。

這五股融合力量不僅適用於汽車業，儘管我們認為汽車業是目前最好的案例，但這些力量同樣也在農業、採礦、建築、房地產、醫療保健、運輸、物流等資產密集型產業中發揮作用。每一個工業產品都將數位化，每一間工業公司都將轉型成為數位工業公司，並與數位原生企業競爭。因此，所有工業公司都必須重新設計其策略與經營方式，將人類與機器緊密結合。每一間工業公司都必須發展出一套融合策略。

隨著傳統工程領域（如機械、化學、土木、航空、農業與冶金）與數位科技交會時，將會產生令人驚歎的發展。當你問農業企業的高階主管，他們會談論精準農業與決策農業，描述透過雲端遠端控制自動化拖拉機，以及傳統企業（如種子、肥料與設備製造商）與數位科技業（如衛星供應商、農業雲端經營商、數據模型專家與人工智慧專家）連結起來。當你請教建築業主管，他們會談到自癒材料、智慧型建築、可最佳化舒適性與永續性的智慧連網窗戶。如果你與航空業主管對話，他們會指出，**數據與分析正是實現永續、高效與安全飛行的核心驅動力**。無論你選擇哪個產業，只要請高階主管描述他們對未來 10 年變革看法，你會發現他們的回答都圍繞著這五股融合力量。

▍從現在的策略邁向未來的策略

最終的目標是運用豐富的數據洞察來創造全新產品、客戶體驗和服務。但有一點很重要：融合策略並不只是單純地推動應用更多技術。我們並不是要你制定一個 ABCD 數位策略，其中 A 代表人工智慧（AI）、B 代表區塊鏈（Blockchain）、C 代表雲端（Cloud）、D 代表數據（Data）。我們也不是要你要將技術與舊有的商業邏輯重疊，或只是在某些狹隘定義的功能領域中，選擇性地運用技術來達成特定目標。

相反的，融合策略是根據資產輕型產業所學到的經驗，並加以調整以符合資產密集型的產業需求。它展現了透過數據和人工智慧，才得以達成的指數型成長軌跡。並說明數位科技如何改變競爭格局，使得新創企業與新興能力能釋放出全新價值。

融合策略的運作邏輯與過去不同。過去，工業公司若要擴張或多角化，通常是透過收購生產類似或相關產品和零組件的公司。而融合策略則提供了另一種選擇：建立一個軟體架構與其他公司相連互通，並利用以數據為基礎的觀點來提升客戶生產力，使工業公司能捕捉所創造出的部分價值。由於收購和整合實體資產通常既複雜而且成效不佳，工業公司更應該透過以數據為基礎的聯盟和夥伴關係來實現相連互通。這樣做的方式也將更有效，因為長時間下來，新機器會被加入，舊系統會被淘汰，系統的範圍將會改變。

傳統上，策略著重在企業如何運用其現有資源和能力。工業公司

通常透過併購工廠、零組件製造商、配送倉庫、物流公司等實體資源，尋求產品市場延伸與多元化經營。這些做法在今天仍然很重要，但在目前的環境下，這些已成為具有競爭力的必備條件，而非能帶來差異化優勢的關鍵了。

在接下來的 10 年，真正的差異化關鍵可能來自能夠融合實體與數位領域的合併行動。這並不只是單純在類比產品上加入感應器和軟體，而是採用能夠開發下一代工業產品與系統的技術，並擴展企業在數據圖譜與人工智慧能力的應用範圍。

長久以來，策略思維一直是以企業為中心。但是融合策略是在擁有資產與發展關係以獲取其他數據密集型資產之間取得平衡。有智慧的企業執行長會意識到，融合策略是以網路為中心。工業公司必須融入橫跨產業邊界的生態系統中，讓數據能夠在不同機器之間持續流動。那些能看到自己在新興數位生態系統中扮演角色的企業，將會是最終贏家。

▍我們的邀請

本書探討了，在這個競爭環境中，傳統企業與數位科技業依賴數位科技程度各不相同的情況下，目前的最佳實務做法。我們並不是展示一些最佳企業，然後要求你照著模仿它們。相反的，我們向原本就是數位科技業的公司取經，這些企業透過數據圖譜和演算法，在資產輕型環境中競爭，從這些經驗中提煉出適用於資產重型產業的策略原

則⁵。通往融合未來的道路就在眼前,而這場轉型的規模、範圍和速度,對於即使是最領先的工業公司來說,都是一項艱鉅的挑戰。

雖然數位化的第一波浪潮確實是從美國開始,然後擴展至全球,但是融合不會只發生在美國。下一波浪潮的影響範圍將會更廣泛,因為工業界正在擁抱新一代技術,例如物聯網(IoT)、機器人技術、雲端、人工智慧(尤其是生成式 AI)、視覺運算等。工業 4.0 已經在韓國和德國顯現,將會像 20 世紀末期的全面品質管理(total quality management)一樣,成為全球趨勢。印度在過去 10 年持續推動數位化,或許正處於從「世界的後勤辦公室」轉變為「先進製造強國」的門檻,而數位科技將是這場轉型的關鍵催化劑。

你的公司可能生產實驗室用的醫療儀器、智慧型居家設備或穿戴式健康監測裝置。以前的喇叭只能提供高品質音效,今天的喇叭則是語音運算的對話介面,而未來的喇叭則會成為空間運算(spatial computing)的一部分。今天的廚房配備的是標準電器,而明天的廚房將內建感應器與軟體,能夠溝通使用方式、需求和狀況。**本書將幫助你,超越「僅透過加上數位功能來做出差異化」的傳統思維,而是把數位科技視為一種能夠讓你觀察產品實際使用情況的方式**。遠端監控家電只是第一步,而在家電損壞之前就先行維修,才是真正的未來。

誰應該閱讀本書?

或者,你可能在一間資產密集型企業工作,該公司從事汽車、農業、採礦、交通運輸、物流或建築領域。自動化和自主運作仰賴「產

品使用中的數據」（product-in-use data）。農場和礦場比道路更容易透過「遠端遙測技術」（telemetry）來監控，這為重型設備製造商提供了機會，公司能夠了解數據圖譜和數據網路效應的運作方式。開發卡車、拖拉機和拖車未來 10 年的發展藍圖，必須以融合思維為指引。**本書所描述的融合策略將幫助你發掘全新價值，並開發新的競爭優勢來源。**

又或者，你是一名合格的工程師，但難以說服最高層經營團隊投資工業產品的數位化。本書將幫助你建立一個以數位分身為基礎的投資主題，這些數位分身能持續回傳數據，使你的產品得以永續升級。你也將學會如何將數位工程與業務績效連結起來的語言。

又或者，你可能剛從商學院畢業，精通以客戶為中心的原則，但是受夠了公司裡老舊的資料處理方式，因為資料被分割至不同系統，而且定義總是不統一。本書將幫你清楚表達為何必須投資「圖形數據結構」（graph data structures），才能實現下一代的客戶導向策略。

又或者，你從事人資工作，負責培訓員工以迎接未來挑戰。本書將幫助你理解「數據圖譜」和人工智慧如何在整個企業內部引導決策。你將發現，我們所提出的融合策略能幫助你識別那些在融合世界中脫穎而出的領導者特質。

又或者，你是一名數據科學家，精通最新的模型與演算法，但你卻發現自己的公司尚未理解數據與人工智慧如何重塑競爭格局。你可以和業務同事並肩合作，繪製貴公司在競爭對手眼中的定位，並開發取得更豐富數據的方法，以推動拓展競爭邊界。本書將提供一個框

架,協助你將數據架構與商業設計連結起來,掌握在價值重新分配的競爭環境中的致勝關鍵。

無論你的專業背景或職位是什麼,唯一重要的是你對數位科技作為策略驅動力的潛能充滿熱情,以及你相信工業公司仍然有機會獲勝。你不同意那些專家所說的,認為工業公司註定失敗,只有原生數位科技業才能掌握未來。

我們跟你站在同一陣線。我們堅信,今天的領導者只要意識到並積極回應工業領域的數位化變革,就就有機會贏得未來。但你不能再等了——正如亞馬遜創辦人傑夫‧貝佐斯(Jeff Bezos)所說的:「**大多數決策應該在你擁有約 70% 想要的資訊時就做出決定。如果等到擁有 90% 資訊,在多數情況下,你已經太慢了。**」[6]

我們誠摯地邀請你現在就開始閱讀本書,因為思考、反思與制定策略的關鍵時刻就是現在。就像印度聖雄甘地(Mahatma Gandhi)所說:「未來取決於你今天的行動。」

我們擔心,到了明天可能就太遲了。

第 2 章

數位新創擊敗消費品巨頭

購物戰爭現在已經有了新武器：數據

在亞馬遜每分鐘銷售的超過一萬種產品中，有高達一半的銷售來自個人化推薦。亞馬遜的演算法預測你在造訪網站時可能想要的商品，從大約 3.53 億件商品中精準篩選，決定你在網站上看到的產品排列方式。這就好像你與哈利‧波特（Harry Potter）一起走進斜角巷（Diagon Alley）的一間商店，貨架彷彿有魔法般會自動重新排列，讓最有可能吸引你的商品出現在面前，而其他商品則逐漸隱入背景中。這在實體商店裡幾乎不可能實現。

過去 20 年來，亞馬遜將使用者購買紀錄與瀏覽資料、Prime Video 的觀看紀錄、Amazon Music 的聆聽資料等結合起來，建構了一個「購物數據圖譜」（Purchase Graph）。亞馬遜對客戶的理解還延伸到了語音計算（Alexa）、線上醫療商店（PillPack）、實體零售（Whole Foods、Amazon Go）以及支付平台（Amazon Pay）。公司演算法會繪

製產品之間的關聯圖,並使用協同過濾技術(collaborative filtering),考慮多樣性(推薦項目之間的差異程度)、驚喜性(推薦商品的驚喜程度)以及新穎性(推薦商品的新鮮程度)等因素。憑藉這些豐富的資料和精緻的個人化推薦,亞馬遜在美國電子商務市場的市占率超過40%,而最接近的競爭對手沃爾瑪僅佔7%。

2021年5月,谷歌宣布推出「Shopping Graph」(購物圖譜),谷歌描述為:「一個動態、以人工智慧強化的模型,能夠理解不斷變化的產品、賣家、品牌、評論,最重要的是,它能處理直接從品牌和零售商處獲得的產品資訊與庫存資料,並理解這些屬性之間的關係。」[1] 這個購物圖譜模型是以谷歌的機器學習演算法為基礎,能夠即時提供庫存、評價、顏色、尺寸等產品資料。每天有超過10億人在谷歌上搜尋產品,購物圖譜連結了來自數百萬個商家、超過350億筆的商品清單。

谷歌無與倫比的「知識圖譜」(Knowledge Graph),不只能找出最符合使用者查詢的資料,還能關聯相關資訊,挖掘更深入的見解,不只幫助使用者找到答案,還能探索和理解相關概念。當知識圖譜與Android、語音和圖像搜尋、Chrome瀏覽器外掛程式、谷歌助理(Google Assistant)、Gmail、Google相簿、Google地圖、Google Cloud、Google Pay、YouTube等服務結合在一起時,使Google有能力應對來自亞馬遜的挑戰。不過Google仍缺少一項關鍵拼圖——類似亞馬遜的物流引擎,能夠以極高的效率將產品配送至消費者手中。谷歌並沒有自行建設,而是選擇與來自加拿大的電商新創企業Shopify

加深合作。在這項合作中，谷歌允許 Shopify 的 450 萬名商家在谷歌平台上曝光商品，Google 還提供演算法來連接購物者與消費者，而 Shopify 上的商家則自行處理物流。

購物戰爭現在已經有了新武器：數據。這並非泛指所有「大數據」（Big Data）概念底下的任何數據，而是能幫助企業領導者打造獨特的「數據圖譜」，並以此制定競爭策略的「智慧數據」（Smart Data）。[2]

運用數據圖譜制定策略

2020 年 4 月，中國正式承認「數據」是一種新的生產要素，這反映了數據如何改變全球的商業模式、產業邊界和市場結構[3]。但是在商業領域，數據往往被視為理所當然，只用於日常營運，並且與策略缺乏連結。許多企業淹沒在數據湖（data lakes）中，或將數據埋藏於數據倉庫（data warehouses），卻不認為數據有多麼重要，反而讓其他指標優先考量。並非所有經營者都能理解數據的策略價值。他們雖然意識到數據蘊含的價值，但同時也將其視為風險來源、法規限制，並擔心如何適當使用數據的敏感問題。有些經營者以自己的直覺決策能力為傲，認為無需依賴數據的洞見，也有不少人則在面對重大決策時，根本不信任數據。

數位工具的發展使企業更容易儲存龐大的數據並進行分析。傳統上，企業依賴「記錄系統」（systems of record），收集顧客購買的產

品、數量、時間與價格等資料,並將這些記錄用於維修服務或產品保固之類的日常用途。這些數據通常分別由製造、行銷、業務與會計等部門儲存在各自獨立的資料庫中。

隨著 2000 年代初期網際網路的發展,以及 2010 年代智慧型手機的爆炸性成長,企業開始使用「互動系統」(systems of engagement),透過電子郵件、網站、行動應用程式和臉書、X /推特、抖音、IG 等社群媒體帳戶與顧客保持連結。雖然並非所有顧客都願意與品牌互動,但這已讓企業能建立與顧客的初步關係。「互動系統」比記錄系統更加提升,因此企業一度認為他們已經充分將數據的潛力發揮得淋漓盡致了。

過去 10 年來,一些企業開始在銷售的每件產品中內建感應器、連接裝置和軟體,即時收集資料。這些技術讓企業能夠追蹤消費者如何使用產品,並收集使用產品的資料,無論這些資料是結構化或非結構化,例如文字、圖片、影片或聲音。透過系統性追蹤即時數據,亞馬遜和谷歌等公司利用數據圖譜在市場上取得競爭優勢。

「數據圖譜」這個概念是我們在幾年前所提出的一個概念,應用於教學與顧問實務工作中。數據圖譜是用來捕捉企業與顧客之間的關係與互動,主要是根據產品使用數據來建立的。這個概念受到社交網路和圖形理論(graph theory)所啟發,類似於社交圖譜(social graph):在社交圖譜中,個體(例如朋友、同事、上司)被視為「節點」(node),而他們之間的關係則形成「連結」(link)[4]。「圖譜」(graph)這個詞是指各連結之間的結構特性,以識別這個網路中的重

要人常物，例如關鍵節點（hub）、連結者（connector）和有影響力者（influencer）。

這個概念可追溯至社會心理學家史丹利・米爾格蘭（Stanley Milgram）提出的「小世界理論」（small worlds），以及他所提出的理論——「六度分離理論」（six degrees of separation）我們每個人之間平均的連結通常不超過六個人。社交網路理論指出，網路裡的成員（也就是我們）彼此之間的關係和連結具有重要意義，這種觀點對於分析組織、產業、市場與社會的結構和動態十分有價值。

同樣的，公司的數據圖譜所顯示的連結，比起關於個別客戶、產品、功能及其用途的數據更為關鍵。這個論點經得起邏輯的考驗：當不同的資料片段能夠被連結起來，特別是在即時連結下，比起單獨存在時能被更深入的理解。使用靜態數據，最終只會讓公司發展出紀錄系統或互動系統，而這些系統最多只能提供標準化的經驗法則。但是透過即時追蹤產品使用資料，公司便能建立數據圖譜，進而提供個人化建議，超越那些常讓顧客感到不滿的制式回應。

不同於靜態數據（例如年齡、性別或地理位置），數據圖譜是動態的呈現方式。它們會不斷變化，因為是根據即時輸入所建立，並且反映了數據科學家所稱的「流動數據」（data in motion），也就是在任何網路中不斷流動的數據串流。

每個數據圖譜都有三個特徵——**規模**（scale）、**範圍**（scope）和**速度**（speed）。

- 「**規模**」是由公司追蹤的節點或資料點的數量來表示。
- 「**範圍**」取決於公司在每個節點上監測多少屬性有多少。
- 「**速度**」則是顯示組織收集數據的頻率和速度。

隨著數據圖譜的規模增加、範圍擴大以及數據收集速度的提升，數據圖譜價值也會跟著提升。數據圖譜愈豐富，公司就愈能掌握那些對顧客來說非常重要的時刻，並且能夠做出更全面的策略選擇。公司可以根據新產品或服務來開發新的數據圖譜，或是透過聯盟與合作夥伴來豐富現有的數據圖譜，例如谷歌與 Shopify 的合作夥伴關係，進一步加深彼此的連結。[5]

企業也可透過收購來擴大數據圖譜的規模、範圍與速度。舉例來說，自從微軟於 2015 年收購領英（LinkedIn）以來，這間專業社交平台已迅速發展，擁有超過 8 億名專業人士和超過 5,000 萬家公司的職場資料。微軟執行長薩蒂亞・納德拉（Satya Nadella）曾如此描述這項併購的策略價值：

「人們想要求職、培養技能、銷售、行銷，以及完成各種工作並且最後成功，這些都需要一個相互連結的專業世界。這需要一個活躍的網路，將 LinkedIn 的公開職場資料，與 Office 365 及 Dynamics 的資料結合，創造嶄新的使用體驗。舉例來說，LinkedIn 的動態消息（newsfeed）會根據你的專案推送相關文章，而 Office 會建議你連絡 LinkedIn 上的專家，幫助你完成手上的任務……」[6]

專業圖譜比任何單一人力資源組織所能聚集和運用的還要更豐富、更全面。到了 2023 年，隨著生成式 AI 的崛起，LinkedIn、微軟 365 和 Microsoft Teams 將共同成為以 Microsoft Graph 為基礎建構的資料寶庫。[7]

許多數位科技業已經運用數據圖譜（不過有些企業不使用我們的詞，而是用更廣義的「知識圖譜」〔knowledge graph〕，這與谷歌的 Knowledge Graph 是不一樣的東西），以成為在消費市場的領導者。較成功的數據圖譜——例如亞馬遜的購物數據圖譜（purchase graph）、谷歌的購物數據圖譜（purchase graph）、臉書的社交數據圖譜（social graph）、網飛的電影數據圖譜（movie graph）、Spotify 的音樂數據圖譜（music graph）、Airbnb 的旅遊數據圖譜（travel graph）、Uber 的移動數據圖譜（mobility graph），以及 LinkedIn 的職業數據圖譜（professional graph）——這些都是數位科技業所開發出來的，而且他們的產品與服務已深植在消費者的日常生活中。這些市場龍頭企業利用數據圖譜，以及公司專用的人工智慧與商業演算法，來獲取即時洞見，從個人化推薦、產品開發、服務提供，到行銷、廣告與銷售等各個領域，都能超越競爭對手。

數據網路效應的力量

成功建構數據圖譜的關鍵在於取得、拆解和分析產品使用數據，這個過程受益於數據網路效應。數據網路效應的產生來自使用者的主

動（透過使用產品或服務）或被動貢獻（提供意見回應），讓產品或服務對其他使用者更有價值。舉例來說，每年人們在谷歌上進行的1.2兆次搜尋，都是在幫助谷歌擴充其知識圖譜、調整並改善搜尋引擎，提高其他使用者的搜尋品質，並提升其人工智慧助理Bard（谷歌以生成式AI所創造的助理）的能力。[8]

相同的邏輯也適用於Spotify、網飛和Airbnb：每位消費者與歌曲、電影或旅行目的地的互動都產生了寶貴資料，幫助這些數位巨頭為其他消費者提供更好的體驗。當企業透過機器學習演算法來匯總和分析資料時，公司就能根據整體資訊為網路中的每個使用者創造個人化的價值。互動越頻繁，數據網路效應就愈強大。

數據網路效應與「直接網路效應」（direct network effect）很不一樣。**「直接網路效應」是指當新增使用者能夠提升該產品或服務對所有其他使用者的價值時，公司就能受益**。這個現象在早期網際網路時代頗為流行，當時第一批數位科技業透過社交網路、電子郵件和即時通訊等業務得以成長。企業還可以從**「間接網路效應」（indirect network effects）** 中受益，**這種效應會在有更多使用者群體時擴大，促進了更多互補產品和服務的開發**。舉例來說，安卓（Android）設備銷量增加會激勵開發者為應用程式商店Google Play開發更多應用程式，進而提高作業系統對潛在消費者和開發者的吸引力。

與直接和間接網路效應不同的是，**數據網路效應不需要企業增加新使用者才能提升網路價值**。即使沒有新使用者加入，也沒有人離開，只要使用者持續參與並提供產品使用資料，**數據網路效應的價值**

圖 2-1 區分數據網路效應、直接網路效應與間接網路效應

直接網路效應

更多顧客 ⇄ 對每位顧客來說價值更高

範例：電話、傳真機、視訊會議網路

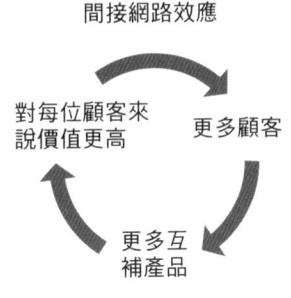

間接網路效應

對每位顧客來說價值更高 → 更多顧客 → 更多互補產品 → （循環）

範例：安卓、Apple iOS、Xbox 電玩、YouTube 創作者、DoorDash、Uber（譯注：DoorDash 是美國的外送服務應用程式平台）

數據網路效應

為每位顧客提供個人化價值 → 更多顧客 → 更詳細的使用資料 → 更聰明的演算法 →（循環）

範例：谷歌搜尋、臉書、網飛、Airbnb、Waze、Uber、亞馬遜、Spotify、特斯拉、Waymo

強大的感應器與物聯網設備使用應用範圍更廣，即使在沒有直接或間接網路效應的環境中仍適用

仍然會增加（請參閱圖 2-1）。數據圖譜這門科學的出現比數位化時代還要早，但與其使用線條連接資料點來描繪圖譜，數據圖譜則是透過結構化和非結構化資料、結構化標記（schema markup）或程式碼來連接不同實體，並傳遞其內涵。數據圖譜無法手動繪製，數位科技的發展才使得企業能夠即時收集數據，追蹤全球數百萬消費者同時使用的產品，並運用強大的演算法來解讀、分析數據圖譜。企業需要運算能力、人工智慧和機器學習來建立數據圖譜、研究結構，並從中獲得可執行的深入見解。這正是過去 5 年來才開始有利用數據圖譜來制定策

略的能力。

數據圖譜領導者如何取勝

　　數據圖譜的先驅企業能夠迅速收集並分析產品使用數據，並快速將所學納入產品改進中。企業不斷調整並改善數據的分類與標籤，尋找不同類別之間的關聯性，讓人工智慧能夠做出更精準的個人化推薦。這些企業也會持續調整並改善演算法，確保推薦內容是根據最新且最相關的數據，進而提升客戶參與度、滿意度與忠誠度。數位科技業之所以能夠保持領先，是因為運用數據圖譜來驅動三種力量，不斷強化創造和獲取價值的能力，如表 2-1 所示。

大規模及高速學習

　　數據圖譜能夠捕捉個人的生活、工作、娛樂、學習、社交、觀看、交易、旅行、支出等行為。數位化使得這些行為可以被大規模且即時觀察與編碼。舉例來說，Meta 的數據圖譜根據超過 30 億名用戶在旗下 7 大平台上的數據建構而成：

- Facebook
- Messenger
- WhatsApp
- Instagram

表 2-1　數位科技業如何運用消費者行銷的網路效應

數據圖譜領導者	直接網路效應	間接網路效應	數據網路效應	對數據圖譜的描述
Airbnb	無	有	有	旅行數據圖譜
Amazon	無	有	有	購物數據圖譜
American Express	無	有	有	支出數據圖譜
Coursera	無	有	有	技能數據圖譜
臉書	有	有	有	社交數據圖譜
谷歌	無	有	有	搜尋數據圖譜
LinkedIn	有	有	有	職業數據圖譜
網飛	無	有	有	電影數據圖譜
Stitch Fix	無	有	有	風格數據圖譜
Spotify	無	有	有	音樂數據圖譜
Twitter（x）	有	有	有	影響力數據圖譜

註：這是我們建立對數據圖譜的描述，目的是突顯不同企業所代表的領域；這些企業本身並未使用這樣的描述。

・Oculus（Meta 生產的虛擬實境頭戴式顯示器）

・Meta 打造的元宇宙

・Threads

　　Meta 追蹤每一位使用者的行為，包括與誰成為好友、解除好友、正在與誰傳訊、去哪裡旅行、討論的品牌、觀看哪些電影、聆聽哪些音樂等。Meta 已經掌握了一門科學：即時收集用戶之間數十億次互動

所產生的數據，追蹤會員間的互動、登入紀錄、點擊、停留時間、瀏覽頁面與搜尋行為。這使 Meta 能夠進行大規模測試、A/B 測試，確保使用者願意長時間使用其平台。舉例來說，在臉書向使用者顯示貼文或廣告之前，它會從大量庫存內容中篩選出約 500 項可能吸引使用者互動的選項，並透過專屬神經網路模型對這些內容進行排名，最終才在其各種媒介平台上展示給使用者，如文字、音訊、影片等媒介。這種的機制能確保使用者會與內容互動，當使用者與內容互動時，Meta 的社交圖譜規模就可以快速擴大。

擴展範圍並不斷豐富自家產品和服務

大多的數據圖譜龍頭企業會將收集到的數據組織成機器可讀的圖形格式。舉例來說，Airbnb 的旅遊圖譜是以約 7 百萬個房源為基礎，並標記了不同的實體（如城市、地標、活動等）及其關聯（如最佳旅遊時間、著名教堂、熱門演出等）作為標籤。當消費者使用 Airbnb 精心策劃的旅遊體驗，並在社交媒體上標記位置時，這間數位科技公司會追蹤每位用戶租住的房間、他們參觀的景點、用餐地點、觀看的演出等。

這種追蹤機制使 Airbnb 能夠將每位消費者所消費的所有產品和服務串聯起來，並將數據彙總到整體客戶，根據產品相似性將客戶分組分析，進而為未來的訪客提供個性化推薦，涵蓋的不只是租賃的房屋類型，還包括最佳的用餐地點或最適合參觀景點的時間。Airbnb 擴

展服務範圍的能力，比傳統飯店更能滿足顧客需求，因為傳統飯店的顧客資料通常散落在各部門內（舉例來說，訂房部門有訂房資料、禮賓服務部門有一日遊和餐廳推薦資料，而 SPA 中心則有顧客使用的服務記錄）。

　　大部分數位企業都是參考谷歌的知識圖譜。我們都曾在實體圖書館進行研究，數據是獨立儲存在於不同的數據孤島中。但谷歌不只是一個虛擬圖書館，而是在過去 20 年來建構了一個更加相互連結的系統，將收集到的所有事實組織為獨立且互相關聯的元素。每一個元素都提供不同類型的資訊，並與許多其他因素相連。當谷歌推出其數據圖譜時，已經索引了超過 5 億個實體、超過 35 億條關於這些實體的事實，以及無數的相互關係。從那時開始，谷歌知識圖譜的規模和範圍以及使用的數據庫變得愈來愈大。

　　谷歌的優勢來自於公司所建立的「數據集」，這些「數據集」捕捉了各個實體之間的關係，幫助公司的演算法理解每個搜尋的上下文。舉例來說，當使用者在谷歌搜尋欄中輸入「Jaguar」一詞時，他們究竟是在查詢南美洲的動物、英國的汽車品牌，還是美式足球隊？一開始谷歌的演算法無法分辨其中差異，但是根據過去的搜尋模式和使用者行為，這間數位巨頭發展出一套基於情境的規則，能夠預測某個意思比較可能出現。舉例來說，如果使用者最近搜尋過有關的動物內容，那麼谷歌可能會認為使用者比較可能是在查詢動物，而不是汽車或美式足球隊。

　　為了得出這樣的結論，谷歌採用以圖為主的架構並連結所有資料

庫。這種圖形化的結構使系統能夠回應語音查詢，例如你可能會對系統說：「嘿 Google，幫我訂兩張下週三去羅馬競技場和古羅馬廣場的門票，並用 Google Pay 付款。」由於運用的知識以圖譜形式呈現，演算法就能理解使用者的請求，它知道「古羅馬廣場」和「羅馬競技場」是羅馬的旅遊景點，「下週三」是 4 月 19 日，「訂票」表示買門票，「付款」是指使用綁定的信用卡，可以把這些詞語的其他可能含義先排除不用。

當消費者的互動模式發生變化、意義的變化時，底層的知識圖譜也會不斷被精煉與並更新，以反映各種關係。舉例來說，一位曾經攀登過亞當斯山（Mount Adams）並計畫挑戰富士山的登山者，他可能會問：「攀登富士山所需要的準備，和攀登亞當斯山有哪些不同？」這樣的查詢需要綜合多方面的資訊，而過去使用者通常需要進行多次搜尋才能獲得答案。到了 2023 年，谷歌已能提供更有關聯性的答案，這受惠於不同資料庫之間的相互連結多語言的無縫轉換。雖然目前在 Bard 上只能稍微看到這種功能。但是生成式 AI 正在蓄勢待發，將通過建構對話式介面，讓客戶能夠透過文字、圖片、數字和語音進行互動，進一步豐富數位科技企業的服務。

相較之下，傳統企業只能記錄個別產品的購買記錄，而且這些記錄分散在不同的資料格式與不同的擁有者手中。這讓傳統企業很難掌握消費者在不同產品或在不同業務類別的購買行為模式。而這項弱點則為數位科技業創造了機會，它們能打造一套系統，將不同實體之間的意義以邏輯方式連結，來識別產品偏好模式，利用這些模式發現市

場空缺，並逐步擴展業務，最終主導市場。

因為這種策略依賴數據圖譜的規模與範圍，傳統企業應遵循資安領域的真理：「防守者思考的是清單，而攻擊者思考的是圖譜。」攻擊者永遠會勝出，因為防守者通常只針對單一威脅設計防禦策略，而攻擊者則知道數位系統是互相連結的，他們會尋找最脆弱的節點進行滲透，一旦奪取控制權，就可以獲得整個網路的控制權。同樣的，數據圖譜是一個充滿動態連結的圖形化網路，可揭示更多、且更好的商業機會。

開發獨特的商業演算法取得勝利

數據圖譜可以透過商業演算法轉化為價值，而商業演算法則是一套創造和捕捉價值的規則。龍頭企業的差異化競爭力來自於它們所建構的數據圖譜，以及開發出的商業演算法，這些演算法可進行以下四種分析：

描述性分析（「發生了什麼事？」）、
診斷性分析（「為什麼會發生？」）、
預測性分析（「可能會發生什麼？」）、
指示性分析（「應該發生什麼事？」）

然後將這四種分析以強大的方式串連起來，創造非常強大的競爭

優勢。

舉例來說，網飛的使用者雖然不像臉書和LinkedIn的使用者那樣彼此相連，但網飛平台能夠透過即時追蹤使用者觀看內容，為每個人建構專屬的電影圖譜。網飛不會出賣客戶資料，但是卻比娛樂產業的任何競爭對手都更能從產品使用數據中創造價值。

網飛擁有關於每位觀眾觀看的每部電影或節目的詳細數據，包括觀看的日期、時間及郵遞區號；使用的螢幕類型（手機、平板電腦、電腦或電視）；觀眾何時暫停、快轉或倒帶；以及何時開始與結束觀看。此外，網飛也收集更精細的資料，以分析觀眾第一次觀看時如何選擇電影或節目，這些資料以詳細記錄的形式儲存，包括使用者如何瀏覽選單以及點選了哪些內容。

根據這些資料，網飛透過演算法為每位訂閱者客製化首頁並且持續更新，根據觀眾當下的喜好推薦可能感興趣的內容。在2001年，網飛的45.6萬名使用者中，只有2%會選擇推薦的內容。但是到2020年，近80%的觀眾在首頁選擇了網飛的推薦內容，而非自行搜尋，當時網飛的訂閱人數已超過2億。

除了產品使用中的數據之外，網飛還為所有內容標記了類別、語言、演員、導演等屬性。用戶評分（就只是「讚」或「倒讚」）和使用者顯示的偏好，成為網飛專有演算法的輸入，幫助建立每位觀眾考慮範圍（consideration set）。舉例來說，如果用戶昨天看了一部影集，這部影集的權重應該比他一個月前看過的節目高了2倍，還是10倍？演算法應該如何考量觀眾有些節目只看了10分鐘，有些在周末狂追

劇，有些在新影集一上架時就立刻追完的行為？這些屬性對所有用戶都很重要，但對每個人的影響卻各不相同。

　　網飛的優勢在於利用其數據圖譜來訓練人工智慧，建立數千個「虛擬品味社群」，也就是觀看與你類似內容的人群。這些社群是為每位用戶策畫和個人化推薦的關鍵工具，幫助網飛贏得所謂的「關鍵時刻」（moment of truth）──也就是用戶在2分鐘內決定是否要繼續觀看網飛的內容。如果用戶沒有選擇網飛推薦的內容，公司就可能在這場競爭中輸給AppleTV、Max、Hulu、Disney$^+$、Peacock、有線電視隨選點播服務，或是傳統電視。網飛在2015年時估算，個人化推薦引擎已經為公司節省退訂的損失超過10億美元，因為有效挽留了大量用戶。

　　網飛的數據圖譜甚至能引導其內容開發策略。由於網飛能預測觀眾會觀看什麼內容，因此網飛能運用這些深入見解來製作成功機率更高的電影和劇集。好萊塢的製片公司通常依靠直覺與過往票房表現來製作電影，而電視網則依據尼爾森（Nielsen）收視率來決定節目排播及廣告費用。但是這些數位化之前的指標既原始，又不適合個人化推薦。網飛的數據圖譜改變了這些規則，例如取消試播集──網飛當年擊敗HBO，贏得《紙牌屋》（House of Cards）的製作權，並根據數據與演算法取得《王冠》（The Crown）的創作權；此外，公司還一次釋出整季影集來鼓勵觀眾「追劇」。

　　隨著網飛開發含廣告的訂閱方案，網飛必須擴展數據圖譜的規模、範圍及速度，專注提供對廣告商有價值、且能降低減少用戶困擾

與不滿的特定類型廣告。網飛決定與微軟合作，因為微軟早在最近開始發展人工智慧之前，就已經是數據圖譜領域的領導者了。這項選擇有可能會催生出一個新的廣告巨擘，足以與谷歌和 Meta 競爭。

策略專家必須記住，商業演算法的力量決定了數位世界中的勝者與敗者：臉書擊敗了 Myspace，谷歌戰勝了 AltaVista，Spotify 打敗了 Pandora，而亞馬遜則擊敗了其他所有零售商。所謂的「商業演算法」，是一種專有的推理與推論引擎，能夠將描述性、診斷性、預測性和指示性分析互相關聯。這些類型的分析不應該各自為政，領先者會利用商業演算法在一個整體架構中同步執行這四種分析，並且依賴豐富的數據圖譜建立各種關係與相互依存性。

▍生成式 AI 為數據圖譜提供燃料

生成式 AI 是人工智慧發展歷程中的下一個轉折點，它能根據 GPT-4、PaLM、StableDiffusion、DALL-E2 等基礎模型，從非結構化資料中產生全新的內容。這些模型已經吸引了大眾與專業人士的想像力，因為不需要太多程式設計技巧就可生成文稿、音訊、圖片、動畫及影片。

生成式 AI 聊天機器人利用基礎模型與龐大的神經網路，使用大量多樣化的量化、質化及非結構化資料集進行訓練，使其能夠執行各種任務。不同於只能完成單一任務（例如預測客戶流失或生產流程最佳化）的狹義人工智慧，生成式 AI 具備多功能，例如總結技術報告、

構思新產品、提供各種食譜建議，甚至執行複雜的程式設計。

GPT 這三個字母所代表的核心概念分別是：**生成式**（**G**enerative）、**預先訓練**（**P**retrained）和**轉換器**（**T**ransformer）。所謂轉換器是一種使用深度學習的人工神經網路，涉及多層的結構。由於訓練 GPT 模型需要大量運算資源及大量人力投入調整並改善，因此目前主要由少數科技巨頭（如微軟〔與 OpenAI 合作〕、谷歌、Meta 和輝達）主導開發，其他企業則是建立於基礎模型之上開發應用，例如文案編輯、寫作助手、產品設計、媒體廣告、藝術創作及軟體程式碼生成。

生成式 AI 模型大幅提升了數據圖譜的能力，提供更豐富的深入觀點。毫不意外的，數據圖譜龍頭企業正在爭相導入這項技術，以強化其圖譜價值。舉例來說，谷歌和微軟目前正在展開一場新的搜尋引擎競爭，雙方都利用生成式 AI 來增強其搜尋能力。微軟透過對 OpenAI 的數十億美元投資，正在重新設計 Bing 搜尋引擎，以挑戰谷歌透過廣告獲利的搜尋模式。而谷歌則利用 Bard 來大幅增強其搜尋能力。沒有生成式 AI 時，若使用者在谷歌搜尋「布萊斯峽谷和大峽谷哪一個，比較適合有 3 歲以下孩童及一隻狗的家庭？」這類問題，結果將會是出現大量的連結，用戶需自行瀏覽比較然後才能決定；但使用生成式 AI 後，搜尋結果將提供直接的回答，不過仍會附帶連結，並且使用者能夠根據上下文進一步提問，就像日常對話一樣。谷歌的下一步將是依靠其母公司 Alphabet 旗下的子公司 DeepMind——這間公司曾開發擊敗世界圍棋冠軍的 AI 程式——進一步鞏固其長達 10 年

的人工智慧投資成果。

購物大戰同樣也正在透過生成式 AI 展開。谷歌已經在其「購物圖譜」（Shopping Graph）上建立生成式 AI 購物體驗，該圖譜包含約 350 億個產品資料，每小時即時更新 18 億個資料點，根據產品、評論及庫存狀況提供個人化購物建議。亞馬遜則利用生成式 AI 總結顧客評價，讓消費者無需逐一閱讀評論，便能快速掌握正負面意見回應的重點。

同時，Meta 也在開發嵌入生成式 AI 的廣告工具，幫助廣告主製作能精準吸引不同個體的廣告。全球最大的廣告傳播集團 WPP 也與輝達合作，推動客制化廣告的極限[9]。谷歌和微軟、網飛的合作，也將進一步加劇生成式 AI 廣告戰。

Spotify 推出了 DJ，這是一款 AI 驅動的虛擬唱片助理，結合了其音樂數據圖譜與生成式 AI，能夠根據用戶音樂品味自動更新播放清單。Airbnb 也正在將 ChatGPT 整合進其平台，並承諾透過生成式 AI 提供嶄新的旅遊體驗。隨著生成式 AI 的演進，數據圖譜的應用將迎來更強大的創新。

通往工業級數據圖譜之路

數位科技業已經利用數據圖譜和人工智慧設計出新的商業模式，顛覆了許多消費市場的領導者。現在愈來愈明顯，只有能夠建立獨特數據圖譜並開發差異化商業演算法的公司，才能在由數據為核心的世

界中競爭並獲勝。由於消費產業的許多既有企業無法認識到數據、數據圖譜與演算法的變革力量，而迅速被數位科技業所超越。

　　我們可以很自然地問，數位科技業是否也能利用數據圖譜和演算法來制定策略，以挑戰目前依賴專有技術、工廠設備和基礎建設來創造價值的工業企業。如果數位科技業能做到——而且沒有理由做不到——那麼工業企業就必須學會如何與之抗衡。**在下一章中，我們將探討工業企業如何在數位時代中生存，甚至蓬勃發展，並學習開發工業級數據圖譜（industrial datagraph）的方法。**

第3章

工業巨頭正在反擊

數位轉型成為第四次工業革命關鍵

當數位轉型威脅他們的業務時，工業公司並沒有袖手旁觀。例如艾波比（ABB）、開拓重工（Caterpillar）、艾默生電氣（Emerson Electric Co.）、鴻海（Foxconn）、通用汽車、Honeywell、強鹿、勞斯萊斯（Rolls-Royce）及西門子（Siemens）等企業已經意識到，他們可能會被新興的數位新創企業顛覆。他們目睹了輕資產同行錯估威脅的下場，因此投入時間與資金，積極推動流程數位化，並將數位業務轉移至雲端上。

但光是這些舉動還遠遠不夠。工業公司必須立即將重心轉向業務核心數位化，也就是對他們的產品進行數位轉型。這表示要重新設計工業機械——例如建築設備、拖拉機、電網與汽車——使這些具備「數位優先」的特性。工業時代的現代產物必須具備即時觀察、遠端微調，以及演算法最佳化的設計。為了應對數位挑戰，工業公司就必

須徹底重新思考產品設計，這將是最重要的課題。

所有工業產品的數位化進程將比企業預期得更快。這些產品必須具備在不同客戶端使用時傳輸數據的功能。這正是推動「工業4.0」——第4次工業革命——轉型的關鍵催化劑①。這場變革既具策略意義，又極具破壞性，因為這讓數位原生公司能夠憑藉新能力進入工業領域，同時也迫使工業界的龍頭從資產輕型產業的過去經驗中學習教訓。

有一些企業執行長已經採取行動，讓自家公司在融合未來（fusion future）中占據有利的位置。自2020年起，強鹿的執行長約翰・梅伊（John May）便開始塑造數位工業策略，該公司描述為「智慧工業策略」，這個策略加速了先進技術的整合，並且結合強鹿在製造領域的卓越傳統②。強鹿的目標是提供智慧型、相連的機械與應用程式，推動農業與建築產業客戶的整體價值提升。其技術架構涵蓋硬體、軟體、導航系統、連接性與自動化，並提升機械的智慧與自主性。我們認為強鹿的技術架構不只是一套技術策略，更是成為智慧型工業公司的方法。

Honeywell前執行長達瑞斯・亞當奇克（Darius Adamczyk）是一位受過電腦工程訓練的專業人士，他將軟體能力植入公司核心，而現任執行長維馬爾・卡普爾（Vimal Kapur）則精通推動數位轉型。亞當奇克在接受我們訪談時表示：「我們必須有勇氣去打破舊有做法，並變得更像一間軟體公司」。Honeywell正以軟體能力為轉型引擎，努力釋放客戶價值並提高經營效率。該公司甚至收購了量子機器學習公司

Quantinuum 的多數股權，開發適用於工業環境的量子技術，這可能進一步加速 Honeywell 的數位轉型。

同樣的，2021 年時任福斯汽車董事長赫伯特・迪斯（Herbert Diess）在德國沃爾夫斯堡（Wolfsburg）表示：「現在推動我們前進的是數據與電力。我們正在改善電動車的充電體驗，提供無線軟體更新……並直接與顧客溝通。福斯汽車（Volkswagen）在新汽車的競爭中占據最佳起跑點。我們必須從一個擁有眾多高價值品牌的公司，轉型為一家可靠經營數百萬移動裝置的數位公司。」現任執行長奧利弗・布魯姆（Oliver Blume）正在延續「New Auto」藍圖的方向，其中一個大膽的舉動是建立統一的技術與軟體平台，包括全新的車輛操作系統、雲端平台，以及適用於所有品牌的新車輛架構[3]。

農業機械、建築與材料、航太與汽車，這些產業有著不同的歷史背景，但全都面臨著相同的挑戰與機會：隨著數位與實體的融合之際，產業需要重新構想自身的角色與市場定位。大型機械與大數據、鋼鐵與矽、實體基礎建設與數位基礎建設之間的數據連結。當這些相互連接與融合趨勢出現時，傳統企業應該如何因應？未來的融合未來正擺在這些公司面前，而今天的決策，將決定他們未來的成敗。

這四個產業並不是唯一受到數位創新、顛覆與轉型海嘯席捲的領域。但是它們有助於說明當前正在發生的重大轉變，並且呼籲所有工業公司的經營團隊，仔細思考自身的策略選擇。而這一切的起點當然是工業數據圖譜（industrial datagraphs）。

▎工業數據圖譜的獨特性

消費性與工業類的數據圖譜都是根據使用產品的數據，但兩者在許多方面存在著差異。資產密集型公司在建立、組織及使用數據圖譜之前，必須知道這些區別。

首先，消費者數據圖譜是建立在少數幾個屬性上，例如消費者是否喜歡某一則廣告並接受廣告提供的折扣？透過簡單的協議，就可以輕鬆從遠端追蹤這類洞察。相較之下，工業數據圖譜則是要根據機器在現場運作時的多個複雜屬性。舉例來說，記錄汽車如何在嚴寒冬季中自駕行經複雜道路，或是記錄農用拖拉機在播種季節時在農地作業的表現，這些都與記錄消費者偏好的音樂或電影類型完全不同。

工業數據圖譜的資料量可能比消費者數據圖譜來得小，但前者很可能是多模態（multimodal），涵蓋數位、文字、立體畫面及語音互動等多種類型的資料。工業公司可以即時收集各種不同型態的資料，例如故障畫面、機器運作的聲音，以及自動流程的即時影像畫面。

由於消費者數據圖譜規模優勢且智慧型手機廣泛普及，企業相對容易找到開發消費者數據圖譜的理由。但是工業數據圖譜則需要有力的投資論點，將資料的豐富性與業務成果連結起來。

無論是有意還是無意，消費者經常允許數位原生公司取得他們的個資。但工業公司必須先獲得許可，才能存取、收集及分析法規上屬於客戶的產品使用數據。這通常需要制定正式合約，並透過獎勵措施鼓勵客戶分享個資。企業必須贏得客戶信任，成為其數據的管理者，

並透過提供客戶自身無法實現的價值來維持這種信任。

　　工業公司的數據圖譜還涉及關鍵業務活動。如果亞馬遜無法準時送貨到府，可能只是給顧客帶來不便；如果網飛推薦一部乏味的影視作品，可能只會讓訂戶感到厭煩。但是如果飛機引擎故障，或是自動駕駛車輛無法準確解讀路況，則可能導致致命的後果。因此，工業公司數據圖譜所需的技術基礎建設、數據準確性以及分析能力，都必須比消費性公司的數據圖譜更加穩健和強大，因為工業公司數據圖譜所涉及的風險更高。

　　工業公司數據圖譜的好處可以透過財務數據進行量化，而消費性公司的數據圖譜只能產生間接影響。舉例來說，飛機引擎製造商可以量化引擎可靠性及正常運作時間對客戶利潤的影響；而消費性公司則只能透過消費者流失率或參與度等指標來間接衡量影響。

　　最後，消費性公司數據圖譜可以透過廣告或訂閱變現，而工業公司數據圖譜則需要不同的策略。在大多數情況下，工業數據圖譜無法透過廣告補貼，只能依靠以運用數據帶來的深入見解與量身定制的建議，為顧客提供價值，從而實現獲利。

工業公司數據圖譜與生成式 AI：力量倍增的關鍵

　　融合策略以工業數據圖譜及人工智慧為基礎。幾十年來，工業領域一直走在 AI 應用的前端，涵蓋範圍包括石油勘探、航空業的航線規畫、交通路線最佳化、網路安全及風險管理等領域。然而，這些應

用範圍大多是公司專有技術，在產業內部或跨產業之間的共享程度非常低。

現在工業公司正面臨的是生成式 AI 時刻。目前的新聞焦點大多集中在生成式 AI 如何撰寫文章、創作詩歌、生成圖像、旋律及電影等方面，但它真正的價值在於變革商業邏輯、創造新的競爭優勢來源，還有使傳統能力變得過時。生成式 AI 不只是逐漸提升生產力的工具，它將創造新的經濟價值形式，並且在這個過程中重塑產業及生態系統內的競爭格局。無法認識到這個點的企業將錯失機遇，甚至面臨生存危機。

網際網路讓企業能夠建立電子商務管道，而智慧型手機催生了行動商務（m-commerce）。這兩項創新主要影響的是消費者市場的環境。而在工業公司領域，生成式 AI 是專為改變工業競爭邏輯而量身打造的技術。這項技術能夠生成複雜設計、從多模態資料中提取洞見與趨勢、預測並主動應對變化的條件、處理模糊或不完整的資料，以及更多其他功能。只要使用適當、針對特定場景的資料訓練後，生成式 AI 能夠快速且準確地回答複雜的問題，並解決非線性問題。我們同意麥肯錫顧問公司的分析，也就是在未來 18 個月內，生成式 AI 影響最深遠的領域將是資產密集且資訊豐富的產業和職能部門。④

舉例來說，《彭博社》（Bloomberg）於 2023 年 3 月發布了一款新的生成式 AI 模型──BloombergGPT⑤。與 OpenAI 及其他公司的 GPT 模型不同，這款大型語言模型是以專業的金融資料訓練而成，以支援金融產業的多種自然語言處理任務。換句話說，《彭博社》正在利用

這項技術為每位金融專業人士打造數位助理。同樣，線上教育平台可汗學院（KhanAcademy）的創辦人薩爾・可汗（Sal Khan）正在利用生成式 AI 開發個人化輔導工具「Khanmigo」（意為可汗朋友），為平台上的學生提供個人化家教[6]。

專門針對特定產業的模型，將加速生成式 AI 在工業領域的轉型作用。由於這項創新仍處於起步階段，每間公司都應該積極探索這項技術，並建立相關的安全保障機制，以確保輸出的可靠性。圖 3-1 展示一個生成式 AI 架構示意圖，這個架構在工業領域中由相互關聯但又各自獨立的技術組合而成。隨著這個架構演變之下，數據圖譜與生成式 AI 將成為推動和塑造融合策略的組合動力。

圖3-1　生成式技術架構如何影響工業領域

公司專屬模型與外掛程式	通用汽車、賓士、Waymo、特斯拉	強鹿、拜耳（Bayer）、Case IH	開拓重工、艾波比、強鹿	Honeywell、西門子、貝泰集團（Bechtel）
領域專用的垂直產業 GPT 模型	電動車業	農業	機具業	營造業
雲端平台（向雲端開發者開放的運算硬體）	亞馬遜雲端服務（AWS）、甲骨文（Oracle）、Salesforce、微軟 Azure、IBM			
運算硬體（專為模型訓練設計的專用晶片）	輝達、谷歌、AMD、英特爾、台積電、IBM			

工業龍頭如何利用數據圖譜與生成式AI

工業公司必須遵循三項原則，將數據圖譜與人工智慧納入策略，以獲得競爭優勢。

1. 利用「三重數位分身」建構網路效應

工業公司通常使用以下三種類型的數位分身（digital twins）：

- **產品分身**（product twin），在設計和開發階段，以虛擬環境模擬產品（設計的產品）。
- **製程分身**（process twin）：數位化呈現點到點的製造流程，包括供應商和分銷商的角色（製造中的產品）。
- **較新的效能分身**（performance twin），數位化呈現產品在實際使用中的表現，追蹤並收集影響產品使用效能的資料（部署的產品）。

工業公司經常將各種數位分身運用在不同部門，例如將產品分身交由研發和設計團隊管理，將製程分身交由供應鏈和營運團隊負責，而效能分身則交給行銷和客戶服務部門。如果這些分身系統被獨立規畫、資助和運作，而且彼此之間設有界限，帶來的效益將僅限於狹隘的指標。真正的工業網路效應來自於將設計、製造和部署這三種數位分身連結起來。我們將這稱為「三重數位分身」（tripartite digital twin），或是「三重數位分身」（請見表 3-1）。

　　三重數位分身可將使用現場的數據回溯至特定零件、生產線、第一級供應商及其供應鏈。如果關鍵元素能夠從端到端無接縫連接，這種分身技術將釋放出工業領域的巨大價值。結合產品分身與製程分身確實可以帶來顯著的效率提升，但這兩者並不會產生數據網路效應，因為唯有加入效能分身時，才能真正實現這個目標。要釋放三重數位分身的全部潛力，就必須持續不斷地從現場回流數據。想像一個控制中心，製造商透過多個螢幕監控所有機器的運作狀況。這樣的系統能夠幫助管理團隊了解機器在何時何地以目標效能運作、何處發生故障以及修復所需的時間。透過三重數位分身，企業可以持續進行根本原因分析，並透過圖形資料庫支援，為不同客戶識別替代的最佳干預機制。

表 3-1　三重數位分身

區別特徵	產品分身（設計）	製程分身（製造）	效能分身（部署）
願景	設計和開發階段在虛擬環境中代表產品	代表端到端的製造過程	代表部署的產品，以追蹤和收集有關產品的使用效能資料
功能責任	產品設計師	製造和供應鏈的高階經理人	與經銷商和合作夥伴的行銷人員和服務工程師
好處	使用元件和子系統的最佳配置來設計最佳產品的權衡微調製造，以實現最佳經營效率水準	微調製造流程以達到最佳的運作效率水平。	在現場追蹤和收集詳細的效能資料，以輸入至產生數據網路效應

特斯拉汽車事故的案例，使三重分身技術的優勢變得顯而易見。特斯拉使用三重分身技術，可以調取設計階段的產品數據、製造流程數據（包括是在哪條生產線、由哪些機器人以及負責組裝該車輛的人員），以及實際使用中的性能數據，例如速度、行駛方向、安全帶狀態、天氣情況，並判斷車輛當時是由人駕駛還是已啟動自動駕駛系統。透過使用三重分身技術，公司可以在救護車到達事故現場之前，將事故資料與過去所有特斯拉車輛發生的事故資料關聯起來，並開始產生有關事故成因的假設。當團隊能夠大規模、快速研究這些資料，他們就可以找到新的方法，使故障的機會降至最低甚至完全消除。相較之下，許多傳統汽車製造商只擁有設計和製造方面的資料，這些資料通常分散在各個職能部門之間，互不相通。他們甚至不會收集關於車輛實際使用情況的資料，這下子限制了他們找出汽車事故根本原因的能力，更遑論開發出新的改善策略。

　　當三重分身技術被設計成可無縫串聯的數據流時，生成式 AI 系統就可以識別導致災難重大故障的可能原因，例如交通事故，或是放任不管可能演變為重大問題的小事故。輝達、C3.ai、PTC 和西門子等科技公司正在開發技術，使工業公司能夠將三個不同的分身數據統一到共同框架中，以此作為應用和發揮生成式 AI 潛力的前提條件。表 3-2 總結了工業公司數據圖譜如何重塑工業環境中的競爭格局。

表 3-2　數據圖譜如何重塑工業競爭格局

產業領域	透過數據圖譜重塑競爭格局的主要企業
農業與農場經營	強鹿、拜耳（孟山都+Climate Corporation）、Case IH、陶氏化學
個人移動服務	Uber、Waze（谷歌）、滴滴出行、Ola、Grab
汽車移動服務	特斯拉、Waymo（谷歌）、傳統車廠（通用、福特、賓士、BMW、豐田、現代等）、德國馬牌（Continental）、Bosch、Firestone
商業建築營運	Honeywell、Rockwell Automation、西門子
航空與飛機營運	奇異、勞斯萊斯、波音、空中巴士、其他一級供應商
石油、天然氣與能源產業	各大石油公司、Schlumberger、Hughes、Emerson Electric Co.、Halliburton
商業物流	UPS、FedEx、DHL、Norfolk Southern、BNSF、CSX
個人化健康照護	大型製藥企業、CVS、Blue Cross Blue Shield、各大健康照護機構、蘋果、谷歌、數位健康新創（如 23andMe）
智慧城市	IBM、Verizon、三星、谷歌
新零售與全通路購物	各大品牌領導者、實體零售商與數位新創企業、亞馬遜、阿里巴巴、沃爾瑪、Target

消費市場的企業透過應用程式和 cookie* 來收集使用者行為資料已經是例行動作了。但是工業界才正要開始探索如何整合來自多個來源

＊ 譯注：網路使用者瀏覽網站時，網站傳送到的設備上的小型文件檔，儲存網頁的暫存工作階段，以加快載入速度。

的資料。舉例來說，勞斯萊斯建立了 R2 Data Labs 的數據實驗室，專門分析飛機引擎的運作數據，改善對商業航空公司的服務[7]。該公司的競爭優勢在於能夠處理最大規模、最多樣化、最高速的數據中進行分析。保持工業公司數據的領導地位，需要充分利用三重分身技術和數據網路效應。

2. 提升產品

在消費者市場中，網飛非常了解影片本身，包括不同類型、語言、情緒氛圍等等，並且利用這些知識為用戶提供更精準的推薦[8]。Airbnb 不只追蹤每位使用者預訂的房間，還記錄了他們參觀的景點、用餐的地點以及觀看的表演等多個層面的資料。這種擴展數據圖譜範圍的能力，使 Airbnb 能夠開發針對性的個人化推薦[9]。同樣的，工業公司也必須擴展數據圖譜的範圍，這樣才能提供更卓越的客戶價值。

以字母公司 Alphabet 旗下專注於農業的公司 Mineral 公司為例。目前的農業資料化仍然相當零散，但潛在的收益非常可觀。Mineral 秉持這樣的基本理念：正如官網所述：「大多數公司並未收集數量足夠、多樣性或高品質的數據，來充分發揮機器學習的潛力。因此，我們開發了工具以便更有效地捕捉、整理、清理和強化多模態數據，並建立了我們自己的前端開發工具農業數據集。」由於沒有一種通用的數據收集模式適用於所有農業任務或作物，Mineral 公司最初開發了一款植物探測機器人（plant rover），能夠拍攝大量高品質畫面。一段時間過後，公司擴展至開發通用感知技術，這些技術可以在機器人、第三方

農場設備、無人機、監測設備和手機等多種平台上運作。隨著新技術與新方法的推廣，Mineral 公司可以建構詳細的農作物圖，並加快農業的數位化進程。這些深入見解將有助於農業和食品產業的眾多企業建立一個「從農場到餐桌」的端到端資料鏈，以減少浪費並提升可持續農業的效率。

假設一間汽車製造商想要從「銷售汽車」轉型為「提供交通服務」，那麼公司就必須擴展其數據圖譜的概念模型，納入新的、多樣化的數據元素。例如：跨天與跨月的外出位置與目的地、不同用途（如休閒與商務）的偏好、對不同行程的價格敏感度等。如此一來，這樣的轉變表示該公司將與 Uber、滴滴、Lyft 等共乘企業競爭，而這些企業專注於研究人們如何使用不同的交通方式，而且全年無休。為了實現主動提供個人化、符合成本效益的交通解決方案，企業必須收集準確且具體的數據。而這些數據將有助於他們建立完整的個人交通需求與偏好的概念模型。[10]

工業界的龍頭必須投資於發展概念模型，將數據圖譜視為新的競爭優勢。若企業未能意識到概念模型的價值，而只是將數據視為一種操作策略，就會錯失其數位分身能夠獲得的網路效應。要建構更豐富的概念模型，工業公司必須留意輸入數據圖譜中數據的準確性。以 Honeywell 為例，確定客戶端設備與系統的故障是由於公司可控的因素，還是來自客戶與合作夥伴的行為，對於提升數據價值極為重要。同樣的，像通用汽車與福特這樣依賴複雜供應鏈的汽車製造商，也必須透過數位分身與端到端監測，確保供應鏈的數據流與概念模型的準

確性。錯誤分類可能導致資源錯置而浪費大量解決問題的精力，尤其是當涉及多方參與者時更是如此。

工業本體論（ontology）依賴於一種語言來描述數據結構，以適用於不同情境，幫助企業理解機器的運作方式及對客戶生產力的影響。隨著設備從傳統機電架構轉變為數位工業架構，包含硬體、軟體、數據和連接標準流程。改善與擴充機器操作與故障相關的詞彙，將有助於企業利用數據圖譜來提升設備效能，最終改善客戶體驗。而這也成為企業能夠充分發揮生成式 AI 優勢的前提條件。

目前工業數據圖譜的概念關聯性尚未完全發展成熟。許多企業仍然將數據儲存於不同部門中，各部門使用獨立的資料庫結構，使得建立本體圖形（ontology）的視覺化概念模型變得困難。但是諸如西門子、博世（Bosch）、勞斯萊斯、Honeywell、ABB 等主要工業公司，都已經建立數據圖譜來描繪其機器與經營之間的關聯知識[11]。此外，亞馬遜雲端服務（AWS）、微軟 Azure 和 IBM 也提供相應的雲端運算工具與應用程式，幫助企業發展數據圖譜。

要在短期內獲得工業產品的使用數據，短期內企業需要為機器安裝合適的設備並制定新協議；從長遠來看則需要在產品中內建通訊能力。現在的遙測技術已變得更加強大，能夠透過無線電頻率、紅外線、超音波、藍牙、無線網路、衛星與有線網路，實現遠端自動資料傳輸。

大型語言模型（Large Language Models，LLMs）是數位領域的重要突破，可望透過學習與推理能力改變工業領域。到目前為止，這些

模型已經對資產較輕的產業（如客戶互動、教育）產生影響，並已經應用於摘要文章、撰寫故事、生成圖像以及長篇對話等場景。但是這些應用範圍雖然實用，卻尚未達到策略性價值。真正具有策略意義的突破在於，當大型語言模型能夠學習並理解機械故障的原因、發掘隱藏的概念關聯、快速識別根本原因、推薦解決方案，甚至為下一代機器設計提供指導時，這將徹底改變工業經營模式。令人興奮的是，工業機器將擁有「眼睛與耳朵」，能夠透過聲音、影像與動態影像來傳輸更完整的運作資料，使企業能夠以多模態的方式了解設備在現場的運作情況。這將使工業公司能夠利用生成式 AI 來發掘更精準的解決方法，進一步提升客戶價值[12]。

我們同意 Mineral 公司前執行長艾略特・葛蘭特（Elliott Grant）所提出的，機器學習特別適用於農業領域，例如利用衛星影像計算葉片數量、小麥的像素、或是將雜草分類。在這些應用場景中，重點並非絕對準確率。如果機器可以在數百萬株植物中以毫秒的速度準確分類 9 成以上的雜草，絕對比人類花上數小時親自走遍農田手動分類來得更有效率。在許多工業場景中，機器學習不只可以在大規模應用中提供更高的準確度，還能以更具成本效益的方式運作[13]。

工業數據往往相當複雜，而機器學習與生成式 AI 能夠提供極具價值的解決方案。隨著模型規模逐年擴大，在醫療、軟體、安全與物流等領域的人工智慧實驗變得更普遍，企業應該開始考慮如何利用大型語言模型（LLMs）來提升工業本體論的理解能力。**擁抱大型語言模型的工業公司將擁有優勢，而不願意接受這項技術的企業則會落後。**

3. 在客戶關鍵時刻以人工智慧致勝

工業數據圖譜和更新後的知識本體論（knowledge ontology）是強大的工具，但這些都需要輔助演算法來為特定客戶提供個人化的洞察，才能實現卓越的成果。這些演算法幫助企業進行四大類型的相互關聯分析。

- **描述性分析（Descriptive analysis）** 使工業公司能夠根據相互關聯的數據圖譜來理解「發生了什麼事」，而不是依賴彼此獨立的記錄系統。傳統的儀表板（dashboard）通常提供靜態統計資料，例如可靠性、平均故障時間、主要故障來源以及其他機器效能指標。而數據圖譜則讓管理者能夠深入分析，透過跨領域和跨企業的資訊連結，探索不同環境下機器效能的模式。此外，數據圖譜將越來越能以對話進行查詢，讓企業經營團隊能夠及時採取行動，而無需完全依賴數據專家來進行分析。

- **診斷性分析（Diagnostic analysis）** 幫助企業理解「為什麼會發生」，透過對機器故障進行根本原因分析（root-cause analysis），並將分析結果對映到可控與不可控因素。傳統方法通常將每部工業機器視為獨立個體，但數據圖譜則允許更深入探討故障原因或效能偏差。舉例來說，特定供應商的零組件是否導致機器表現不佳？客戶是否偏離建議的操作程序？透過將關鍵概念及其相互關係整合到圖譜結構中，企業就能夠實現這

種高層次的診斷分析。此外，訓練良好的生成式 AI 能提升診斷分析速度與準確性。

· **預測性分析**（Predictive analysis）透過圖譜結構來推測未來的情境，試圖回答「可能會發生什麼事」。企業可以分析機器如何與其他設備在不同環境中合作，進而預測可能的故障或效能下降。根據相互關聯的數據圖譜進行的預測，通常比來自獨立資料模型的預測更加準確。經營團隊可以根據這些預測制定規則以解決問題、透過模擬來探索可能的應對方案、以及事先指派負責的人。

· **規範性分析**（Prescriptive analysis）提出的問題是：「我們應該如何幫助客戶充分發揮機器與設備的效能？」我們可以如何立即解決問題？例如透過空中下載技術或簡單易懂的操作指南？我們應該如何最佳化產品的運作方式，以確保客戶獲得最佳體驗？這種分析幫助企業建立一個端到端的視角，了解產品在現場運作時如何以各種排列組合運作，以評估解決客戶問題的步驟順序。工業公司可以據此建立以規範性分析為核心的模型，以提供有效、差異化且個人化的價值給客戶。

這四種類型的分析內建於數據價值鏈（data value chain），必須協

調運作，才能將數據連結至與業務成果，如圖 3-2 所示。這不只是為了研究數據以獲得抽象的洞見，而是要像數位科技業（如網飛、Spotify、Uber 和特斯拉）一樣，透過連結數據以創造商業成果。

數據價值鏈不只是一次性應對緊急情況或特殊案例的解決方案，它是生成式 AI 的核心組成部分，而生成式 AI 結合了大型語言模型和數億個文本詞元（token）*所代表的資料。這條數據價值鏈的重要性，相當於工業製造業將原物料轉化為最終產品的傳統價值鏈。

隨著我們不斷發展，理解互補性數據價值鏈（complementary data value chain）將成為關鍵，以確保企業能夠在適當的時刻提供客戶精確需要的產品與服務。生成式 AI 是一項非常重要的工具，能夠將數據

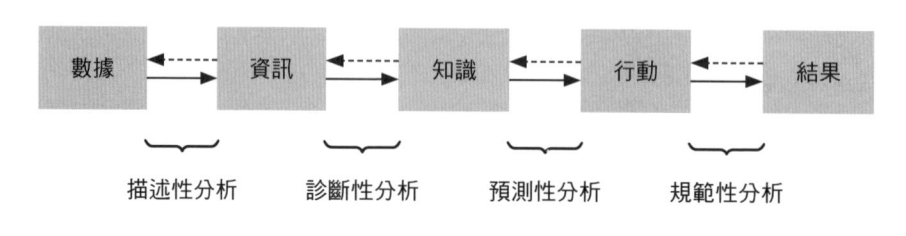

圖 3-2　數據價值鏈與四種分析類型

數據 → 資訊 → 知識 → 行動 → 結果

描述性分析　　診斷性分析　　預測性分析　　規範性分析

發生什麼事？　為什麼會發生？　會發生什麼事？　我們應該做什麼？

---

*　token 是文本、語音等資料分解成的最小單位，例如單字。這些 token 是生成式 AI 用來理解和生成新內容的基礎。

與商業價值連結起來，並將未開發的業務潛力轉化為對產業與客戶真正有價值的成果。這表示人工智慧不只是技術性的問題，更是高階經理人必須嚴肅以對的策略議題。

勞斯萊斯利用四大分析方法來獲得雙重優勢。首先，雖然每間航空公司只掌握自家飛機的資料，但勞斯萊斯掌握著所有客戶的「產品使用中的數據」（product-in-use data），這使勞斯萊斯能夠從制高點的視野進行分析，而且必須在最高的安全性、隱私性和保密性標準下執行。這種大範圍的數據存取能力，使勞斯萊斯能夠產出更深入的見解，以解決客戶的問題。第二，透過人工智慧分析豐富且動態的數據圖譜，勞斯萊斯便能設計和開發更高品質的產品。這種意見回應效應（feedback effect）讓更多客戶願意選擇勞斯萊斯的產品，而非競爭對手的產品，因為競爭對手無法提供相同等級的數據驅動改進。最後，這提升了數據圖譜的規模、範圍與速度，進一步擴大勞斯萊斯的競爭優勢。

產品實際使用數據正迅速成為產業競爭的關鍵改革力量。這類數據以前非常難取得，但是現在透過三重分身，企業能夠更輕鬆地追蹤與回溯產品運作情況。這些數位分身能夠提供即時數據，讓每間企業能夠建立獨特而且具專屬價值的數據圖譜，並且透過數據網路效應不斷增值。

透過分析產品的使用方式，企業可以開發個人化解決方案，深入理解其產品的運作與交互模式。這種運用工業數據圖譜的方法，正在成為下一個競爭的前線。隨著企業不持續收集與分析產品資料，以及

這些產品如何為客戶創造價值，就能獲得更精準的洞見，提供更有價值的建議，進而在尚未運用工業數據圖譜的競爭對手中占有優勢。

現在你應該已經充分理解融合式商業策略（第 1 章）、如何利用即時數據在輕資產與直接面對消費者（direct-to-consumer）產業中發掘成功策略（第 2 章），以及如何將演算法與工業數據圖譜結合，以改變資產密集型產業的競爭格局（本章）。

數位世界正在迅速擴展，工業公司必須以策略性思維來應對這個變革。我們可以在哪些領域創造並捕捉價值？我們應該如何準備，以迎接未來的挑戰？我們將在下一章更深入探討數據圖譜如何協助工業公司在各種競爭戰場上取得勝利。

第 4 章

簡介四大融合戰場

融合產品、融合服務、融合系統、融合解決方案

　　如今，許多公司會將各種產品標示為「智慧型」，例如音響、門鈴和咖啡機，只是因為這些東西比類比（analog）產品具備更多數位功能。但是數位顯示器、軟體功能與網路連接能力，並**不會**使一項產品真的變得「有智慧」。工業領域的情況也是如此。許多企業在技術發表時，過度關注連線能力與自動化，包括：汽車、貨車、拖拉機、搬運車等車輛的自主行駛能力；用於微調機器並與其他設備連結的軟體應用程式；藍牙與行動網路的整合應用；可顯示多種指標的數位儀表板；但是這些被稱為「智慧型」的工業機械，其實也沒有那麼有智慧。

　　工業公司必須重新定義「智慧型」產品。**要真正成為智慧型工業產品（smart industrial products），產品必須能夠即時捕捉與追蹤使用中產品的數據、利用數據網路效應來提升價值。**當企業能夠運用來自數據圖譜與演算法的深入見解，產品設計將持續進化，並為客戶

提供更多價值。**本章將聚焦討論工業產品數位化後,隨之而來的幾個競爭戰場。**

▎融合策略:工業數據圖譜與人工智慧的結合

過去四十多年來,企業經營團隊一直被教導著,成功的關鍵在以下三種基本策略擇一:成本領導(cost leadership)、差異化(differentiation)、聚焦(focus),通常是根據企業所在的產業結構來選擇這三種策略中最合適的一種①。但是在數據圖譜與人工智慧的時代,這些策略已經無法再帶來最佳結果了。

傳統策略的基礎來自過去,當時企業所分析的數據僅僅來自產品銷售後的資料。這導致許多企業執行長低估了數位技術的影響力,並錯誤地認為數位技術只是:一種降低成本的工具,用來維持成本領導地位;一種提升產品功能的附加價值,例如提供連線能力;一種維持市場聚焦的輔助工具。

但是根據從資產輕型產業的經驗,**工業公司要想生存與發展,就必須即時捕捉數據,並根據產品使用中的資訊來建立數據圖譜,以轉變其商業模式。**這麼做將重繪競爭格局,產業邊界被重新畫定,新業務模式將交錯融合,迫使傳統企業與數位科技業競爭。除了水平(horizontal)與垂直(vertical)整合加速發展,不相關的產業將會出現對角線連結,重新分配不同參與者之間的價值。

因此,企業在制定策略時,必須考慮數位技術帶來的競爭格局變

化。在這個過程中，工業數據圖譜將成為執行長探索策略選項與制定未來方向的重要工具。企業應該問自己兩個問題（請參閱圖 4-1）：

1. 我們的工業數據圖譜的涵蓋範圍有多廣？我們的數據圖譜是否僅限於設計數位分身，以提高效率？還是能延伸到客戶的業務經營，以達到最佳成果？這個層面決定了數據圖譜的規模。
2. 我們的工業數據圖譜有多豐富？我們的數據圖譜是否只根據有限的數據層面？還是有多個層面，能夠捕捉所有機器、設備與子系統之間的相互依賴關係，幫助客戶實現業務目標？是不是多模組，可以收集數字、文字、影像、聲音與影片？這個反映的是數據圖譜的範圍，其範圍可以從單一機器、同一間公司的多部機器，以及來自不同公司的設備組合。

圖 4-1　四大融合策略戰場

	機器效率	客制化的結果
多個互連的產品	融合系統 智慧系統之戰	融合解決方案 客制化解決方案之戰
單一產品	融合產品 智慧機器之戰	融合服務 提供卓越成果之戰

資料廣度（縱軸）／數據圖譜的廣度（橫軸）

這些問題的答案揭示了四大融合戰場，每個戰場都有致勝策略：融合產品、融合服務、融合系統和融合解決方案。工業公司必須在這些戰場中做出選擇，並優先發展其中之一，同時也要探索其他可能性。大多數企業會先從「融合產品策略」開始。接著評估是，「融合服務」如何幫助提升客戶的業務成果的機會與挑戰，或考慮如何將產品和服務整合為融合系統，以實現更快速、有效的運作。最終的目標則是發展出「融合解決方案」。這一系列策略演進的過程將幫助工業公司理解如何創造並獲取價值、評估競爭對手的策略將對自己構成哪些威脅，必須如何重新分配資源，維護現有策略或發展新的策略。因此，融合策略框架本質上是動態的，而非靜態不變的。接著我們將逐一探討這四大融合戰場。

▍承諾推動「融合產品」

融合產品是遠端遙測技術所設計，可即時監測其效能。關鍵在於收集產品過程中的數據，企業可以根據這個進行分析，並系統性地改善產品效能。當這些數據在整個裝機基礎累積起來後（installed base）中，工業公司便能夠創造數據網路效應，並持續提升機器的運轉效率（請參閱圖 4-1 左下象限）。

「融合產品」將內建專為人工智慧和機器學習設計的晶片，企業可以利用這些晶片監控產品的運作表現。此外，三重數位分身將支援設計與交付，使企業能夠分析、開發和實施規則，以提升機器效能並

透過預測性維護（predictive maintenance），使停機時間縮至最短。企業可以透過提供維護和生產力提升計畫，提供收費服務來獲取價值，或是免費提供這些服務，以確保顧客忠誠度。

將工業機器數位化的投資主題——包括整合車載資通訊系統功能、採用模組化運算架構、導入數據分析——可能並不直接。因此，許多工業公司可能會傾向於加倍投注在設計更優良的工業產品、推進品質極限以成為同類中最佳產品，而不是投資在陌生的數位領域。這種做法雖然看似合理卻很短視。

確實，感應器、智慧型攝影機、導航設備、環境探測器以及效能監測模組，每一個單獨的成本可能看起來很昂貴。但是工業公司的關注點不應該是單一感應器能做什麼，而是一整套感應器如何集體提供即時的產品使用數據，並傳送到經營中心。**他們應該思考融合產品如何產生並利用數據網路效應，這個邏輯應該是以機器在不同條件下現場性能的深入見解為基礎。而核心分析應該是如何運用這些深入的見解來獲取市場競爭優勢。**

這些都要求企業逐步為工業設計加入數位功能，直到產品在技術、實體和商業面都達到「融合」的狀態。最終目標應該是設計可持續追蹤、可從雲端更新，而且可遠端控制的產品，這將需要可程式化硬體（programmable hardware）和嵌入式軟體（embedded software）。這些措施將有助於工業公司從數位化轉型的起點就開始建立產品數據圖譜，而不是等到事後才補救。這正是汽車業從特斯拉學到的經驗，農業和營建業從強鹿和凱斯荷蘭工業公司（CNH Industrial）學到的經

驗，以及建築和營造業從 Honeywell 和西門子獲得的啟示。

你可能聽說過「計時收費」（power by the hour），這是一種航空業沿用已久的經營模式。這個概念是在每飛行小時固定成本費用的基礎上，提供完整的引擎與配件更換服務。這個模式之所以受到客戶青睞，是因為他們只需為維持百分之百正常運作的引擎付費，如今，這種按機器使用次數付費的做法，現在已變得相當普遍了。

勞斯萊斯在 1962 年率先提出這個概念，當時使用飛機上相對原始的少量感應器來監測引擎的運作狀況。現在勞斯萊斯透過引擎性能資料，將不可預測的維護風險轉化為可計畫、可預測的維護成本。這個模式已經延續了 60 年，註冊商標語「按飛行小時收費」（power by the hour）在業界廣為人知，並且奇異和普惠公司（Pratt & Whitney）等其他飛機引擎製造商也都跟著採用這個模式。

融合產品不僅限於汽車、拖拉機和飛機等移動設備，還可以應用於靜態產品，例如建築物、玻璃窗和燃氣渦輪引擎。**任何工業產品都可以透過加入感應器、可程式化硬體、軟體和雲端連接來重新定義為融合產品**。這將需要從端到端重新構思產品架構，使產品更像可程式化機器（programmable machine），並能夠透過空中下載技術持續更新其軟體。

每間工業公司都應該關注這種思維模式，並向鄰近的領域學習。不同於資產輕型產業，工業產品的數位化轉型需要時間，因此企業應該立即開始行動。如此一來，先行動的公司將能夠獲得先發與快速行動優勢。

以「融合服務」搭配「融合產品」

從傳統工業產品轉型為融合產品是基礎，也是必要的第一步。只有這麼做之後，才會出現其他可能的發展方向。其中一個值得考慮的方向，就是從單純銷售產品轉向提供服務。

工業公司可以透過擴展數據圖譜至客戶經營的方式來提供服務。（這對應圖 4-1 的縱軸，右下象限。）這項策略的重點不在於用 AI 聊天機器人來改造客服功能，也不是為了重新調整與經銷商的合作模式，以賺取更多的服務收入，或與第三方服務供應商建立風險與報酬共享機制。重點在於讓融合產品在客戶業務經營中發揮更深層的作用，以提升其業務成果。因此，衡量這項策略是否成功，不應只關注額外的收入或利潤，更應該關注的是工業公司在提升客戶績效方面的影響力。

工業公司要實施融合服務策略，就必須依賴三重數位分身。不應該將數位分身侷限在只會追蹤產品性能，而是應該進一步延伸，將產品分身與服務分身相互連結。其中產品分身可由工業公司自行部署，但服務分身則需要獲得客戶（甚至是合作夥伴）的許可與合作。企業必須取得權限來收集更精細的資料，才能深入了解如何透過改進機械設備來提升客戶績效。

建立數據鉤（data hook）來連接更廣泛的數據流，將有助於擴展服務數據圖譜。想像一下，如果某間飛機引擎製造商能夠在全球各地即時、大規模地蒐集所有飛機引擎的資料，這間公司將擁有前所未有

的洞察力。這些資料將建立服務數據圖譜，並能以此為基礎，把公司的重心從產品轉向服務。

勞斯萊斯於 2018 年成立了 R^2 Data Labs 實驗室，並自那時起穩步發展，致力於在數據領域取得競爭優勢。此實驗室的核心目標包括：運用數據提升經營效率、減少碳排放、精準降低成本、發掘新的收入機會。目前，勞斯萊斯的服務主要專注於引擎健康監測數據，這建立在公司長期以來在人工智慧領域的專業知識之上。透過數據分析，勞斯萊斯的專業數據分析師能夠解讀出異常的數據，並且提供經營建議。

舉例來說，勞斯萊斯會根據產品使用情境分析燃油消耗模式，例如飛機的飛行路線、飛行高度、天氣狀況、飛行速度、飛機所載的貨物重量。公司每年會從引擎獲得超過 70 兆個數據點[2]。勞斯萊斯透過善用數據圖譜的力量，幫助客戶改善燃油效率——如果引擎燃油效率提升 1%，全球航空業在未來 15 年內將可節省約 300 億美元的成本[3]。

在某些情況下，引擎的某個參數可能會因為環境變化或數據記錄錯誤而出現異常。雖然系統會檢測到這些異常，並將其記錄為問題，但是最終仍需要人類專家來判斷異常是否為真正的故障，或只是誤報。過去，這完全依賴人類的專業技能與經驗。但是借助大型語言模型與強大的人工智慧系統，機器與人類專家可以合作，讓融合服務變得更有效率並可從中獲利。

由於具備先進的數據分析能力，勞斯萊斯可以與航空公司簽訂以節省成本為主的合約，並要求航空公司與勞斯萊斯共享節省的部分價

值。勞斯萊斯到底能不能成功實施融合服務？答案是肯定的。勞斯萊斯會不會成功？它擁有競爭優勢。身在數位與數據領域，勞斯萊斯比奇異和普惠更有先行者優勢。不過，它也需要評估應該獨立發展還是與其他企業建立合作關係，以保持競爭優勢。

　　將服務融入產品是一段多線並進、具飛輪效應的轉型旅程。工業公司首先設計出能夠在客戶端，將產品效能鏡像與服務效能鏡像無縫連接的方式。這將創造數據網路效應，影響範圍不只限於產品效能，還包括服務交付。企業能夠深入了解自家產品如何提高客戶的生產力與業務績效。來自不同環境的效能分身數據會顯示可主動干預的領域，以及公司如何微調產品以提高對客戶的價值。隨著愈來愈多客戶接受這些服務方案，企業可以投資在數位功能上，進一步連接三重數位分身。

　　持懷疑態度的高階主管可能會想，客戶是否會願意讓工業公司取得其經營資料。其實客戶是會同意的，**但前提是這些融合服務必須證明能提供真正的價值**。當然，工業公司必須先贏得這個權利，並確保客戶資料的隱私與安全性、資料分析採取匿名方式。只要客戶相信這些服務能夠帶來第三方供應商無法提供的優勢，他們就會選擇與工業公司合作。即使是由客戶自行開發的服務，數據也有極限，因為它們只能得到自己經營環境的數據。

▌將產品整合至「融合系統」內

接著,來看看另一條發展軌跡。工業機器的數位化不僅能透過三重數位分身提升每項產品的效能,還能透過改善由多個相互關聯的產品組成的高階系統來提升整體效率。從產品轉向系統的這種轉變,發生在圖 4-1 的縱軸上,顯示了數據圖譜的豐富程度成長(左上象限)。

當你走進大型農場、建築工地、煉油廠、礦場或工廠時,你會看到來自多間工業公司的機器和設備。對於這些工業公司的客戶來說,由多個數位工業產品與子系統組成的複雜系統是常態。當系統整合商(system integrator)將不同機器連接起來,企業便可以自行管理經營,或是由第三方經營商來執行。

若一間工業公司希望成為融合系統整合商,應該先透過數位方式連接自家所有機器來建構數據圖譜,然後逐步擴展,透過應用程式介面(API)與合作夥伴(甚至競爭對手)的機器行串聯。企業應該先從結構化數據著手,然後擴展至非結構化的多媒體數據,這些資料可輸入到人工智慧和機器學習應用程式中。目標是建構一個系統級數據圖譜(system-level datagraph),其知識概念模型與谷歌、LinkedIn 和亞馬遜等科技巨頭所使用的概念類似,目標是能夠將相關概念和實體串聯起來。

融合系統整合商不只是擅長組裝系統,真正的競爭優勢來自於跨越每個系統的三重分身收集資料,並透過數據網路效應來強化系統經營。分析不同條件下的數據,找出融合系統在使用現場運作時效能不

佳的原因。

客戶認為這種策略非常有價值，因為沒有任何工業機器是獨立運作的。單一機器的可靠性或正常運作時間並不代表整個系統的效率，而是一整套機器系統協同運作的表現。當其中一項產品發生故障，整個系統就會停擺。因此，單一機器的可靠性和正常運作時間價值有限，因為系統最薄弱的環節決定了整體的效能。但是融合系統整合商可以透過擴展數據圖譜的範圍，追蹤、分析並預測系統故障，進而減少整體系統的中斷。透過收取系統整合費、每年連接額外機器費用以及銷售可確保融合系統按規定運作的軟體更新，公司就可以將這些知識轉為獲利的來源。

工業時代的系統整合商透過部署和重新部署具備工程能力（如施蘭卜吉和哈利伯頓）或 IT 系統（如印福思〔Infosys〕、埃森哲〔Accenture〕、塔塔顧問服務〔Tata Consultancy Services〕和勤業眾信〔Deloitte〕）專業知識的人才，來建立管理大型複雜專案的能力。但是未來的融合系統業龍頭若想要成功，像是西門子、Honeywell 和洛克威爾自動化公司，就必須具備收集產品使用中數據的能力，並將重點從人類專家轉移至把有智慧的人類與強大的機器結合起來。

航空產業正在引領這個潮流。2020 年，勞斯萊斯成立了 Yocova（You + Collaboration = Value），作為數位化轉型的實驗性平台，新加坡航空（Singapore Airlines）成為第一個主要的產業合作夥伴[4]。Yocova 旨在為航空業提供一個開放式、端到端的數位化生態系統，使企業能夠連接、協作、控制數據，並透過全球市場交易數位化解決方

案。這個組織的誕生是因為勞斯萊斯發現，過去各自為政的行業如果轉變為以數據驅動的協作網路，將能更蓬勃發展。隨著愈來愈多企業加入這個系統級整合，完整價值將得以完全釋放。

航空公司透過程式碼共享（Sabre）、路線最佳化和常客積分計畫（寰宇一家〔Oneworld〕、星空聯盟〔Star Alliance〕），在訂位系統之間交換資料。無縫的協調對跨越多個不同實體安全性來說非常重要。但是航空業仍未充分發揮融合系統的全部潛力，因為經營、行銷和維護等領域的資料仍然被封閉在孤立的資料庫中。隨著引擎、飛機、引擎健康監測部門和經營商之間流動的龐大資料量，未來將有機會建立系統級數據圖譜，並進一步實驗人工智慧和機器學習的應用。

隨著工業公司運用數據和人工智慧，預期會有更多產業將進入圖4-1的左上象限。即使某些工業公司不打算推動融合系統策略，它們仍應理解「系統三重分身」的威力，以及數據圖譜如何釋放價值。這麼做將有助於企業思考，如何讓融合產品與一個或多個系統協同運作，如何確保競爭對手的產品無法取代自家產品。

逐一解決客戶問題，為眾多客戶服務

最終的融合策略結合了產品、服務與系統，以解決每位客戶獨特的問題。這需要由外而內的觀點，並且只有透過建立豐富的數據圖譜，以及深入客戶的業務經營才能實現。

工業公司必須成為客戶業務的延伸，透過設計「解決方案效能分

身」（solution performance twin，這是一種特定類型的效能分身），使自己成為能以獨特方式解決客戶問題的專家，是其他公司甚至是客戶自己都無法做到的。因此，融合解決方案策略的關鍵力量，在於能夠快速解決客戶問題，並在環境變化時迅速適應與調整解決方案。要成功推動融合解決方案策略，工業公司必須先贏得客戶的信任，深入了解客戶需求至最精細的層面。這將使公司能架構一整套整合式的產品、服務與系統，直接影響客戶的業務績效。

接著，工業公司必須獲取詳細數據，以便建立專屬的數據圖譜，並在不同環境中發揮數據網路效應。掌握這些數據圖譜後，融合解決方案策略將需要開發演算法，以針對每位客戶提供客製化解決方案。工業公司可以透過以成果為基礎（outcome-based）的合約以及利潤共享協議，來變現這些解決方案。

成功的融合解決方案供應商必須公平，不能有偏好。供應商不能只使用自己的產品，而是應該將最佳解決方案整合起來，就算這些方案來自於競爭對手也要使用。解決方案不只是一次性的，而是可以根據工業公司的知識與經驗持續調整並改善。與其他工業數據圖譜不同的是，一般的工業數據圖譜是從製造商的機器開始，但解決方案數據圖譜則是從客戶的問題出發（對應於圖 4-1 的右上象限）。

以沙烏地阿拉伯成立的新航空公司瑞亞德航空（Riyadh Air）為例，該公司目標是將該國重新定位為旅遊目的地，並與該地區經營有成的航空公司競爭，例如阿聯酋航空（Emirates）、阿提哈德航空（Etihad Airways）、卡達航空（Qatar Airways）。瑞亞德航空需要尋找

擁有豐富航空業專業知識與經驗的合作夥伴，來提供最佳解決方案。

勞斯萊斯是否能夠憑藉其設計智慧型引擎的專業知識，進軍解決方案領域並成為關鍵合作夥伴？答案是肯定的。勞斯萊斯有競爭優勢，因為公司已經與新加坡航空合作（如先前說明的 Yocova 計畫）。由於勞斯萊斯已經掌握了數位平台整合技術，所以可以向瑞亞德航空展示 Yocova 的優勢，說明勞斯萊斯如何突破不同領域的技術邊界，包括預測性維護（predictive maintenance）、燃油效率最佳化（fuel efficiency optimization），以及機隊管理（fleet management）。

勞斯萊斯具備先進的引擎設計能力，並且透過數位分身技術，可以擴展三重分身的應用範圍。因此，勞斯萊斯可以與空中巴士和波音合作，精進飛機的設計。勞斯萊斯累積的知識概念模型，也能夠揭示其他航空公司無法獲得的市場機會。若勞斯萊斯能夠成功協調與眾多合作夥伴的關係，它將成為定義下一代航空旅行的關鍵融合解決方案企業。

如此巨大的機會在工業領域中極為罕見，因此值得關注現有企業與新進競爭者如何爭奪這個市場機會。

融合解決方案策略專注於深入理解客戶的問題，直至最細微的層面；整合最合適的產品、服務與系統，形成完整解決方案；讓融合解決方案供應商成為值得信賴的工程師；將自身獲利與客戶的成功綁在一起。**若要在融合解決方案領域成功，工業公司必須改變傳統思維模式，從過去「我們製造」（Made by Us），轉變為新的邏輯「我們解決」（Solved by Us）。**

總結四大融合策略戰場

隨著工業世界加速數位化，四大融合戰場已經浮現，成為價值創造與價值捕捉的關鍵領域。「融合策略框架」是一個動態概念，企業不應該只是選擇並固守單一策略，而是應該從「融合產品」策略開始，然後逐步轉移到其他三種策略之一。

每個戰場都有其獨特的價值創造焦點，工業公司可以在不同領域解鎖價值。**第一個戰場是智慧機器（brilliant machine）之戰──也就是「融合產品策略」。這個戰場的核心在於將工業產品數位化，並將其效能提升至最高水準（對應至圖 4-1 的左下象限）**。工業公司需要與兩類競爭對手角逐，一個是傳統競爭者──它們可能在不同的規模、範圍或速度上推進機器數位化。同時也要與有能力重新設計機器並利用數據和人工智慧開發新能力的新企業競爭。

然後是**第二個戰場（圖 4-1 的右下象限），稱之為「追求卓越成果之戰」，或「融合服務策略」**。這個策略的核心在於：深入客戶經營的工業機器，以幫助開闢更多方法來改善客戶的財務績效。這場競爭使得工業公司面臨來自三個方向的競爭：傳統企業、第三方服務提供者競爭，他們比工業公司更接近客戶，此外，還有那些承擔優化機器責任、以實現自身營運目標的客戶。

第三個戰場對應至圖 4-1 的左上象限，稱為「智慧系統之戰」，或「融合系統策略」。在這個領域，相互關聯的系統與獨立的產品競爭，以釋放更大的價值。而那些擁有融合產品的工業公司則是間接與

他們競爭和合作。

最後，**第四個戰場是「客製化解決方案」之戰，也就是「融合解決方案」策略（右上象限）**。這個領域的競爭是企業和生態系統之間的競爭，他們爭相為客戶提供解決方案，同時相信自己可以在沒有任何外部幫助的情況下做到最好。

想贏，就要邀請並讓合作夥伴參與

我們今天在課堂上教授的策略是以公司為中心的。相較之下，**「融合策略框架」建議企業在擁有資產的同時，也發展關係以獲取互補資源。每間公司都可以成為多個生態系統的一部分**。數據圖譜的規模、範圍和速度則決定了它們應該在何時、何地以及如何在不同的生態系統中合作。

融合策略是以網路為中心，並且在重疊的生態系統中與商業領域與數據領域交叉。融合產品策略的價值主張並非建立在工業公司內部發生的事，而是在於其產品在現場的表現，且效能分身的力量將能夠釋放全新的價值。當工業公司超越融合產品策略時，他們將更深入進入客戶與合作夥伴的經營流程（分別對應於橫軸與縱軸），透過互聯的數據流與系統架構來創造更大的價值。企業必須與客戶以及夥伴共創價值，所以理解新興生態系統並確定關鍵數據元素非常重要。

支持系統整合策略的數據圖譜，無可避免會涉及競爭對手的數據。為了讓競爭對手放心，確保其數據能有效被利用，工業公司可能

需要設計出明確的經營模式，並制定清楚的合作規則（rules of engagement）。正如亞馬遜網路服務（AWS）必須確保其數據安全協議能滿足客戶網飛的要求，特別是因為亞馬遜的 Prime Video 是網飛的競爭對手。**融合策略也需要建立一種重視隱私、安全和數據完整性的文化。**

不要困在同一個戰場上

策略框架一個常見的批評是，策略框架通常是靜態的。但是融合策略框架本質上是動態的。它呈現的是工業公司在特定時間點可以做出的選擇，同時也提供了探索未來發展的路徑。

「融合產品」透過提升公司機器的運作時間來創造價值。「融合服務」則將服務與融合產品結合在一起，以提升客戶的生產力。「融合系統」的價值在於確保客戶所有設備（而非僅限於工業公司本身產品）的正常運作。「融合解決方案」則是為了全面解決客戶的整體問題。因此，**每一種融合策略都能創造出額外的價值池（value pools），工業公司應該制定一份路線圖，來發展並部署這四種策略。**

美國創投家馬克・安德里森（Marc Andreessen）曾在 2011 年表示：「軟體正在吞噬世界。[5]」他說得沒錯──數位科技已經推動了消費市場的創新、顛覆與轉型，現在這股浪潮正為工業公司帶來劇烈的變革。

同時，已開發國家已經拋棄了自己在重資產產業創造價值的核心

能力，例如製造、運輸、農業、醫療、物流，而是迷戀於輕資產產業所能帶來的價值。2020 年時安德里森再次指出：「現在是時候開始建設了」，但這並不是指回到工業時代的傳統建設方式，而是以融合實體與數位的新方式來建設 ⑥。

現在正是工業公司打造「融合未來」的時機了。傳統上，工業公司之所以能勝出是因為在有形資產具有優勢，例如規模、設計、專利、品質、客戶滿意度。這些優勢仍然重要，但是當數位科技徹底改變工業公司時，融合策略將為這些公司帶來新的層面。透過融合策略，工業公司將掌握數據網路效應，並利用演算法不斷優化產品、流程與服務模式。

融合策略將驅動工業公司轉型。如果在工業時代式微的幾十年，只是對傳統工業策略做些許調整，這些策略將無法奏效。未來的發展趨勢將是——機器將數位化、流程將自動化、服務交付將依靠軟體、數據與分析技術。

工業界的勝利者將是那些大力擁抱數位科技，並藉數位科技打造未來的企業。聰明的企業應該認知到工業數據圖譜的力量，並利用這個力量來捍衛現有業務。並且利用數據圖譜，制定發展路徑，創造適應未來競爭的新商業模式。這正是本書第二部將深入探討的內容。

第 II 部

四大融合戰場

第 5 章

戰場一：融合產品

提升公司機器的運作效率來創造價值

以特斯拉為例

2006 年 8 月 2 日──就在史蒂夫・賈伯斯（Steve Johs）發表 iPhone 前幾個月前──伊隆・馬斯克宣布了一件事：「特斯拉汽車公司的首要目標（也是我資助這家公司的原因）是為了加速人類從『開採並燃燒碳氫化合物的經濟模式』，轉型為『太陽能電力經濟模式』。」

汽車產業幾乎沒有注意到馬斯克所謂的「大計畫」。10 年後，即 2016 年 7 月 20 日，他發表了「大計畫，第二部」，承諾推出一整套具備自動駕駛能力的產品，並透過車隊學習，讓自駕的安全性比人工駕駛高出 10 倍。當時的反應大多持懷疑態度，包括「現金流黑洞」、「野心太大」、「與現有車廠宣布的計畫沒什麼不同」。

到了 2023 年 4 月 5 日，馬斯克發布「大計畫，第三部」，重點放

在「可持續能源文明」時，分析師的意見已經分成兩派[1]。一派對於沒有新的車輛路線圖感到失望，而另一派則對於車輛平台的基礎架構及汽車在推動可持續能源發展中的核心角色感到興奮，這正是馬斯克在 2006 年宣布的最初願景。

未來的商業歷史學家將記錄特斯拉如何塑造汽車產業的轉型，以及它對可持續能源的貢獻。而現在，特斯拉無疑已成為商業世界的時代象徵。2006 年時，特斯拉甚至未被傳統汽車產業注意到；2016 年，頂多只是出現在汽車業的視線邊緣。但是到了 2020 年代初期，特斯拉已經成為汽車產業的核心力量，不只是改變了汽車所依賴的能源來源，更重塑了汽車的概念，以及未來汽車應該是什麼樣子。

2021 年 8 月 30 日，特斯拉宣布設計了一款名為 D-1 的大型半導體晶片，專門用於執行控制公司的自動駕駛系統 Autopilot，以及神經網路訓練超級計算機的機器學習演算法 Dojo。到了 2023 年 7 月，特斯拉已經買下輝達所能供應的所有圖形處理器（GPU），同時投資約 10 億美元加速推進 Dojo 計畫。10 年前，沒有人會預料到一間汽車製造商會想要設計世界上最快的超級電腦之一。

雖然這間總部位於德州奧斯汀（Austin）的公司之前已經開發出較小型的晶片，用於解析車輛中的感應器和攝影機所收集的輸入資料，但設計 D-1 晶片及 Dojo 超級電腦的開發挑戰更大、成本更高。這麼做對於特斯拉的未來極為重要，因為公司需要 D-1 晶片來改進 Autopilot 自動駕駛系統的效能。這套自動駕駛系統已不再使用雷達或電射顯影、偵測和測距（LiDAR，光學雷達），利用雷射來描繪物體

與表面，以便讓汽車能夠「看見」周圍立體的世界。而是依賴電腦視覺技術來解讀車輛攝影機所收集的視覺資訊。這種新方法需要訓練電腦去辨識並理解視覺世界，以實現自動駕駛的能力。

具體來說，特斯拉使用了一種稱為「變壓器」（Transformer）的神經網路，該網路接收每輛車上 8 個攝影機輸入資訊，以理解車輛的操作環境。採用只有攝影機的系統使得運算需求大幅提升，因為 Tesla Vision 演算法必須根據攝影機的影像，即時重建每輛車的周邊環境，而不是依靠直接捕捉影像的感應器。

特斯拉比競爭對手擁有一大優勢：特斯拉數據收集的能力比其他汽車製造商還要好得多。全球行駛中的四百多萬輛特斯拉汽車，每輛車的 8 個攝影機都會回傳影片資料，並由超過一千名員工標記這些影像，以訓練神經網路。就像福特 1900 年代初期進行垂直整合，甚至開採煤礦、鐵礦石並生產自家汽車的玻璃一樣，特斯拉設計 D-1 晶片象徵著公司進化為現代化的垂直整合汽車製造商，從電池、矽晶片、軟體，到充電網和服務中心，幾乎所有東西都自己生產。

特斯拉的融合產品是對傳統汽車業構成雙重威脅的縮影。它生產高效能、環保且極具設計感的汽車，同時投入資源開發數位連接技術與資料收集技術。每輛車的攝影機及 12 個超音波感應器會即時收集資料，而特斯拉的機器學習演算法則持續分析這些資料，以改進作業系統（operating system，OS）。

蘋果會為 iPhone 開發和部署新作業系統，特斯拉也會定期為其汽車更新作業系統。透過無線軟體更新，特斯拉車主幾乎每天早上都能

體驗到「全新的汽車」。例如，2019 年 11 月，一位名為布蘭登・柏尼奇（Brandon Bernicky）的特斯拉車主在推特（編按：2022 年由馬斯克買下，並改名為 x）上向馬斯克提問：「對於按喇叭時自動儲存行車記錄器影像，你覺得如何？②」幾小時後，馬斯克回應：「合理。」到了 12 月 24 日，這項功能就透過無線更新推送給所有車主，當他們按喇叭時，前攝影機的畫面就會自動儲存在隨身碟上。這種 6 週一次的更新週期，在汽車產業是前所未有的。

此外，所有特斯拉汽車都在同一個網路上運作，因此每位駕駛都在幫助整個車隊學習，這就是特斯拉所謂的車隊學習。馬斯克常說，特斯拉將 Model S 設計為一部「輪子上的高級電腦」，**這也顯示特斯拉既是硬體公司，也是軟體公司。在我們看來，它其實是一間數據與人工智慧公司，所生產的產品是實體機器——而我們稱之為「融合產品」。**

特斯拉為每輛車創造了一個「效能雙胞胎」（performance twin），不只是某個車型的數位分身或生產線的數位模擬版本。車裡的感應器能夠即時提供行駛資料，特斯拉的 AI/ML 系統會即時分析這些資料，並持續改進所有車輛的自動駕駛系統。此外，人工智慧會解析數據，以判斷車輛是否運作正常或需要維修，許多問題甚至可以透過軟體更新解決，例如，調整剎車時動能回充＊（regenerative braking）級別，以

＊ 將傳統汽車在煞車時必定會損耗的動能，運用電動車才會有的裝置反向儲存在電池內，做為車輛動力來源之一。

降低碰撞風險，或透過空中下載技術更新修正車門異響。特斯拉平均每個月會發布一次重大軟體更新。

特斯拉的三重分身系統幫助公司透過生成式設計（generative design）將未來產品最佳化，這是一種運用人工智慧來最佳化設計的新興技術。**透過收集來自數千款產品的即時數據，數位分身可以模擬「融合產品」在整個生命週期內的效能表現與所面臨的條件。**有了這些資料，生成式設計軟體能夠調整特斯拉的產品設計，並在模擬真實世界情境下測試其效能，直到找到符合公司目標的最佳解決方案。

儘管特斯拉在啟動位於加州費利蒙（Fremont）的歷史性新聯合汽車製造公司（NUMMI）工廠生產線時，經歷了一場「製造地獄」（該工廠原先由豐田與通用汽車共同經營，直至2010年），但是現在已經透過數位科技徹底改變了汽車製造流程。特斯拉採用高度垂直整合且自動化的製造模式，工廠內擁有超過160部機器人，其中10部是全球最大型的工業機器人，每一部都以漫威的《X戰警》（X-Men）角色命名。特斯拉的人工智慧系統讓製造流程能夠自動且持續改進。當上路車輛出現即使是微小的問題，例如車窗持續震動時，這些資料會即時傳送回特斯拉的生產線讓機器人知道，並依此改進車窗安裝流程。

特斯拉在2022年交付了131萬輛汽車，2023年預計將交付約180萬輛。截至2023年8月，其市值約為9,000億美元，名列全球最有價值前10大企業，甚至超越了全球前9大汽車製造商的總市值。**特斯拉在2000年時是最不起眼的汽車製造商，如今已成為全球最有**

價值、最具影響力的汽車公司*，而這一切都歸功於其獨特的融合產品。

產品典範轉移：waymo自駕車

對我們這些融合策略分析師來說，光是讓汽車擁有更強的運算能力，並不足以使汽車成為智慧的機器。這是因為現在汽車的能力通常受限於其設計、製造及交付給消費者的方式。這些車輛製造商對產品實際的駕駛情況所掌握的數據極為有限。他們對數據在產品策略中的作用仍停留在「靜態數據」，無法與那些已經開始利用即時的「動態數據」的企業競爭。

那麼，除了數位化的花俏功能之外，是什麼能讓汽車成為融合產品的典範？當機器學習技術賦予汽車強大的能力，使其能夠根據實際駕駛情況不斷優化操控能力，而且駕駛規則能夠透過數據圖譜（datagraphs）與演算法的深入見解持續改進和強化時，這種轉變才會真正發生。這正是 Waymo（字母公司〔Alphabet〕子公司，非傳統的汽車製造商）所追求的目標。Waymo 雖然不參與製造汽車，但它希望設計出驅動未來汽車的「大腦」。**在這樣的願景下，策略思維的重點**

---

* 譯注：根據特斯拉官網，2023 年交車 181 萬輛。市值 7,898 億美元，2024 年市值 1 兆 3,850 億美元。

不再是金屬、塑膠與輪胎等實體產品，而是駕駛汽車的智慧能力。 Waymo 對於經驗最豐富駕駛系統的願景，是一個能夠持續學習的數位人工產物。

你可能會問，Waymo 的人工智慧驅動系統為何能夠成為經驗最豐富的駕駛系統？關鍵不在於系統在設計與製造階段已經預設了一般駕駛規則與導航流程，而是因為它能動態學習旗下所有車輛在路上的集體駕駛經驗[3]。Waymo 所整合的 LiDAR（光學雷達）與雷達感應器可以收集即時數據，以實際行駛的里程（已超過 2 千萬英里而且仍在持續增加）結合模擬駕駛（超過 2 百億英里，而且還在不斷增加），建構駕駛數據圖譜。隨著更多來自飛雅特（Fiat）、克萊斯勒（Chrysler）、富豪（Volvo）、捷豹（Jaguar）和吉利（Geely）等汽車製造商的車輛，搭載 Waymo 技術並在更多城市的道路上運作，這些資料仍將持續擴展。

身為融合策略分析師，我們對於 Waymo 透過與汽車製造商合作來發揮數據網路效應感到興奮，因為這證明了今天象徵工業時代的汽車產品，如何演變為明日的融合產品。Waymo 與特斯拉之間的競爭，除了要視誰擁有更多的實體汽車而定，而且更關鍵的是，誰擁有更優秀的數據圖譜與駕駛演算法，以實現真正的自動駕駛。

其他工業領域的策略分析師必須知道，正如汽車產業一樣，光是增加數位功能和連接上網，並不足以讓機器變得更有智慧。不要忘了，數位顯示器、透過藍牙、無線網路和車載資通訊系統實現的連線能力，還有遠端診斷，這些都正在迅速成為工業用機器的標準功能。

如果工業巨頭的執行長將開發融合產品的邏輯誤認為只是又一個逐步改進新功能與新特性的周期，並認為這些工作可交由設計和製造部門負責作，那就會是一個非常嚴重的錯誤。若只將數位優勢視為產品設計的工程卓越性與製造與分銷的規模經濟，這將嚴重限制企業的發展。通用汽車執行長瑪麗・巴拉（Mary Barra）曾於 2015 年預言：「未來 5 到 10 年內，汽車業的變化將超越過去 50 年。」這個觀察如今已經實現了！

工業公司必須創新，透過感應器、軟體與雲端連接來提供數位功能，以收集產品在使用中的即時數據（請參考圖 5-1 的左下象限）。此外，他們還必須提升汽車收集、儲存、統一並分析即時數據的能力，以確保融合產品的效能更穩定，並且長期下來變得更加優秀，進而開發出更卓越的下一代產品。

圖 5-1　融合產品策略的智慧機器之戰

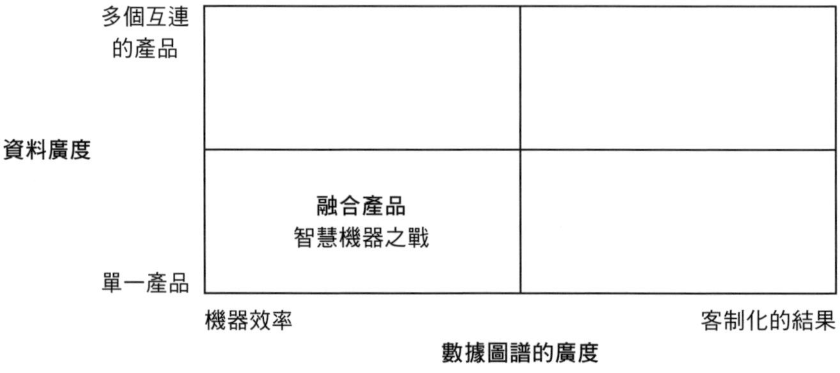

	機器效率	客制化的結果
多個互連的產品		
單一產品	融合產品 智慧機器之戰	

資料廣度

數據圖譜的廣度

隨著融合產品策略在工業領域的理解與應用逐步深入，傳統企業必須接受內部跨職能變革，並且重新調整與供應商、客戶和合作夥伴的跨公司關係。新的競爭優勢將來自端到端的能見度，企業要能夠追蹤數據在擴大的價值鏈中的流動，從使用中的產品一路回溯到提供模組的供應商。

　　智慧機器的核心理念並不僅適用於汽車，還適用於其他能夠在實際應用中追蹤與收集即時數據的工業機器。舉例來說，在石油與天然氣行業，高解析度的設備鏽蝕影像可用於訓練人工智慧模型，以預測設備故障的可能性與持續時間，這能幫助油田服務公司施蘭卜吉（Schlumberger）和哈利伯頓（Halliburton）等公司將其設備最佳化。同時，透過分析不同油田的地震資料影像，殼牌、艾克森和沙烏地阿拉伯國家石油公司（Aramco）可能會重新定義油田勘探的經濟性。在另一個領域，智慧玻璃 View 公司開發的利用數據與人工智慧技術，能夠根據太陽光自動調整，既能增加自然光照射，同時又能減少熱量與眩光。View 設計的窗戶不僅提高了辦公建築的能源效率，還不需要昂貴的窗簾。在同一個產業中，康寧（Corning）可以收集不同智慧型手機上大猩猩玻璃（Gorilla Glass）的抗摔表現資料，以便訓練基本人工智慧模型，進一步獲得洞見用在未來的產品設計上。

　　汽車是現在融合產品的最佳範例，預示著工業機械將迎來更加關鍵性轉變，這個轉變包含四個核心要素：1. 產品能夠遠端追蹤並即時監測在不同客戶環境中的效能，以產生數據網路效應；2. 根據人工智慧的業務演算法，能夠綜合進行描述性、診斷性、預測性和指示性分

析;3. 利用這些分析的洞見,能夠遠端而有效率地為客戶提供個性化價值;4. 根據這些深入見解,開發出更優越的下一代產品,並進一步利用人工智慧擴展機會。接著就來探討如何實施這個策略。

融合產品四大關鍵步驟

將類比產品轉變為融合產品會經歷四個循序漸進步驟,在本書第二部中會反覆運用這些步驟:

步驟1:**設計融合產品架構**;
步驟2:**組織各項流程**,以大規模且有效率地部署產品;
步驟3:**加速轉型路線圖**;
步驟4:定義和調整並改善才能**創造獲利**,以創造、捕捉及分配價值。

這四個步驟構成一個循環,並透過快速回饋不斷重複進行。

步驟1:架構設計(Architect)

融合產品與傳統工業產品有何不同?大多數工業公司在設計產品時,依賴的是公司專門的技術、材料和製造工藝。這並不令人意外,因為企業必須投入大量的時間、人力和資本,以發展工業產品的科學、工程與經濟效益,並達到最佳效能水準。

數位科技挑戰了類比時代的假設。融合產品是在工業工程與資訊科學的交會點上設計而成的，融合產品逐步結合實體與數位科技，創造出新的可程式化硬體，以提升工業機器的功能。此外，這類產品通常採用模組化架構，內建軟體作業系統，並與其他設備、元件和應用程式保持互通性。**設計融合產品是一門新興的專業領域，而傳統工業公司若只是簡單在事後類比產品上加裝感應器與資料模組，將無法有效發揮數位科技的優勢。**在類比設計上加入數位功能的效能，永遠不如一開始就以「融合優先」為思維所設計的產品，並聚焦創造數據網路效應，使數據圖譜揭示更深入的洞見並視情況提供推薦。

融合產品的架構與傳統公司專用的封閉式類比架構截然不同，它是一種開放技術堆疊（open technology stack），包含硬體、軟體、應用程式以及連接能力。這種新架構比較像電腦架構，而非傳統工業的產品架構，特別是在強調三重數位分身和動態數據的方面。此外，它還規畫了自身的技術堆疊如何在產業內部和跨產業之間互相連接。

以賓士汽車為例

汽車從內燃機轉向電池電動車的演變過程，就是這種架構轉變的最佳案例。其中一個核心元素是軟體——這個「大腦」最終可能完全取代人類駕駛。賓士在為電動車 EQS 開發技術堆疊時，便承認了軟體對汽車產業日益增加的重要性。賓士成立內部團隊，開發自己的作業系統 MB.OS，並探索將第三方硬體與軟體（例如 Apple CarPlay）整合到其車輛的方法，同時考慮如何提供「移動即服務」（Mobility as a

Service, MaaS）。此外，這間豪華汽車製造商還與半導體巨頭輝達合作，而輝達也與許多汽車業參與者建立夥伴關係，包括一級供應商、感應器製造商、汽車研究機構、地圖公司和數位新創公司。輝達的晶片裝置採用可配置邏輯塊矩陣（matrix of configurable logic blocks），透過內部架構來連接，能隨著設計演進時重新編寫程式，並由軟體控制，以創造出可升級的產品。這些技術將成為電池電動車架構的核心部分。

下一代賓士汽車將成為可以更新和升級的融合產品，採用由輝達晶片驅動、內建 MB.OS 作業系統的電動平台。賓士已明確表示，公司認為自身的強項在於內部開發作業系統，因此計畫與輝達合作開發軟體定義架構（software-defined architecture）[4]。隨著汽車架構進一步發展，並對人工智慧的依賴日益加深（正如特斯拉所展現出來的），賓士及所有主要汽車製造商（如福斯、BMW、通用、豐田、現代等）必須決定如何在軟體堆疊及其他技術層面制定「自製-購買-合作」的策略。

賓士還必須記住，它的數位科技堆疊連接至駕駛者的智慧型手機。Apple CarPlay 目前可以整合汽車製造商的硬體，控制收音機並調整空調系統，但未來將能在駕駛螢幕上顯示計速器、油量、溫度等資訊。因此，賓士需要找到與蘋果互通的方法，同時保有對自身動態資料的掌控權。如果汽車製造商專注於數據網路效應，實現類似特斯拉的車隊學習，就應該謹慎地迎接來自蘋果、百度（Apollo）和谷歌（Android Auto）的軟體創新。車廠也必須認識到，未來的技術發展可

能改變傳統汽車製造商與掌控汽車「大腦」的數位企業之間的競爭優勢。因此，工業公司應追蹤目前與未來的融合產品架構、確定關鍵模組及其互聯關係、選擇需要掌控的領域，並邀請合作夥伴來共同實現願景。

賓士執行長歐拉・卡林紐斯（Ola Källenius）致力於實現「軟體定義汽車」的願景，但同時堅信傳統車廠在現代的汽車整合上扮演著關鍵角色，包括駕駛、充電、舒適性、資訊娛樂和自動駕駛等。他指出：「如果要談論推動汽車產業轉型的兩大技術，一個是電動驅動系統（e-drive train），另一個則是軟體。在這兩個領域，我們已決定進行垂直整合，這是我們必須掌控的領域。我們需要理解並掌握這些領域。」⑤

不意外的是，生成式 AI 將影響汽車及消費者與汽車的互動方式。賓士正在與微軟合作，將 ChatGPT 整合到其資訊娛樂系統中，使駕駛可以透過說語音指令「嘿，賓士」，以啟動各種功能。不同於過去只能執行預定義任務的語音助手，賓士正利用微軟的大型語言模型來顯著提升自然語言理解能力，並擴大可回應的話題範圍。每一間汽車製造商都必須培養必要的專業能力，以確定需要掌控哪些技術領域，以及如何整合不同領域。只是讓汽車數位化是不夠的，真正重要的是如何運用車輛產生的數據來持續提升自動駕駛能力。**數位化是必要條件，而駕駛數據分析則是關鍵競爭優勢。此外，生成式 AI 的進步將迫使車廠及其他工業公司探索差異化領域。**

例如飛雅特展示了 Fiat Product Genius，一位能在元宇宙中即時回

答潛在客戶問題的真人角色；而通用汽車也正在實驗未來可能的 Gen AI 助理角色[6]。豐田則是走得更遠，探討 Gen AI 在產品設計本身的應用[7]。今日，工業機器的架構以及支撐其生產的製造系統，正在迅速被重新定義與塑造。

步驟2：組織（Organize）

　　類比-數位科技堆疊（analog-digital tech stack）帶來了全新的能力，例如與電池整合的硬體、作業系統與應用程式，以及透過強大演算法分析的數據圖譜。對於一間工業公司而言，從擁有強大類比產品背景轉型至生產融合產品，可能是一項艱鉅的挑戰。這種架構上的優勢只有在組織內部擁有統一願景時才能真正實現，這也正是執行上的第二個步驟。

　　我們已數不清有多少擁有絕佳創意，最後卻因為不同職能部門無法協作，未能認識到提升數位能力的重要性而導致失敗的企業。在對奇異長達 10 年的「數位工業公司」轉型計畫進行事後分析時，時任董事長傑夫・伊梅特（Jeffrey Immelt）於 2019 年在 LinkedIn 上冷靜反思，提醒工業公司面臨的三大風險：1. 低估因外包造成的數位能力不足、2. 以執行長為首的經營團隊職能重疊，以及 3. 衡量數位成功的組織指標未對齊。[8]

　　以賓士為例，數位優先（digital-first）的願景並非只是成立一個軟體部門或與輝達簽訂合作協議。MB.OS 這個系統將車輛的動力傳動系統、自動駕駛、資訊娛樂（infotainment）及車身與舒適系統緊密連

結，實現組織端對端的整合。公司正在整合產品分身、製程分身與效能分身的邏輯，而這三者在目標、科學原理與工程方法上均有所不同。為了讓機器學習演算法發揮作用，賓士公司必須持續輸入來自不同車輛與各種環境下運作的標準錯誤代碼。這麼做將有助於發掘模式，並將問題追溯到過去的維修紀錄，甚至進一步追蹤到特定的生產線與供應商工廠。透過數據與流程的一致，賓士確保客戶的聊天機器人所依據的數據，與生產工程師和供應鏈經營團隊用於評估供應商績效的數據一致。

當我們觀察一個具體的案例——車禍事件時，內部與外部無縫端對端組織所帶來的好處就更加明顯了。雖然汽車製造商一直致力於「零排放」與「零事故」，但在現實中，車禍事故還是難免會發生。當搭載緊急求助服務系統 OnStar 的車輛發生事故時，通用汽車能夠透過感應器與軟體判斷事故的嚴重程度，但卻無法立即將這些數據與對應的生產線及供應商的特定零件資料連結起來。這是因為這些數據分散在不同的數據庫中，無法讓機器即時查詢，以便進行描述性與指示性分析。

特斯拉則是採取完全不同的處理策略，用來了解公司車輛發生的任何意外事故，借助其三重分身系統，即時調取多種資訊：設計階段的產品數據、製造過程的數據（例如組裝生產線、機器人與參與的工作人員）、上市前的測試資料、相關效能數據（例如車速、行駛方向、安全帶狀態、自動駕駛 Autopilot 是否啟用）。特斯拉透過數位網路，將事故相關資料與所有過去特斯拉車輛的事故資料串聯起來，在救護

車抵達現場之前,就可以開始生成可能導致最新事故的因素假設⁹。**特斯拉身為融合產品製造商的核心優勢之一,就是能夠全程監測其汽車從設計、製造到實際使用的即時數據**。隨著愈來愈多工業公司開始設計並部署內建三重數位分身的機械設備,他們將能夠利用提供給工業數據圖譜的即時數據。

當企業領導者理解三重數位分身的強大之處後,他們將致力於克服組織內部不可避免的碎片化問題。獨立部署數位分身確實更方便,舉例來說:**產品分身**交由研發部門與設計團隊管理;**製程分身**由供應鏈、經營與服務部門負責;由行銷部門處理**效能分身**,包括維修與售後服務;但是**如果數位分身在各自的部門內獨立運行、各自取得資金與操作,那麼就只會根據定義狹隘的指標來累積效益。長期下來若想要真正釋放融合產品的完整潛力,就必須將三重數位分身整合起來。**

你可能聽說過「**技術債務**」(technical debt)這個術語,這是軟體開發中為了快速解決問題、加快產品開發而採取的權宜之計,但日後會需要做更多工夫來修補⁽¹⁰⁾。同樣的概念也出現在融合產品的世界中——**數據債務**(data debt):當企業在不同的數位分身系統中,獨立定義關鍵數據元素,並採取暫時的解決方法來整合與轉換數據以獲取重要的深入見解。若工業公司零散地管理數位分身而不是統一協作,則數據債務將迅速累積,進而拖累企業的數位轉型。工業領導者要想從融合產品中創造並獲取價值,就必須採取整合的策略來設計與管理三重分身、數據圖譜與演算法。

如果企業能夠最小化數據債務,就能夠最大化資訊資產,並利用

強大的演算法轉化為商業價值。請記住，在消費領域中，數據圖譜的領導者，例如網飛的電影圖譜與臉書的社交圖譜，已累積了稀缺、寶貴且難以模仿的資訊資產，使公司在市場上獨樹一幟。隨著生成式 AI 在工業領域的發展，資訊資產將成為關鍵的競爭優勢。因此，企業必須加速數位轉型的路線圖，這就是我們接下來要探討的內容。

步驟3：加速推進

相較於智慧型手機已被全球超過 6 成的人口使用，工業領域的融合產品擴展速度將會慢得多。大多數現有企業擁有龐大的全球舊工業產品安裝基礎，而這些產品通常數十年才會更換一次，特別是對於那些可靠性仍可接受的機器而言更是如此。融合產品的前景將吸引愛好者，而大多數工業客戶則仍將繼續採購、使用及運用熟悉的工業產品，只在這個基礎上加入一些數位功能。舊機器使用的時間愈長，轉型邁向融合產品的速度就會愈慢。要加速融合產品的轉型，需要採取三大個步驟。

首先第一個步驟，利用現有數據進行商業模擬，以量化加快產品更換路線圖所能帶來的潛在優勢，包括可能從競爭者手中奪取市占率。如果凱斯紐荷蘭工業加速開發自動駕駛拖拉機，能從開拓重工、強鹿和馬亨達集團手中奪走多少市占率？假設馬亨達只加入感應器和軟體並結合車載資通訊系統功能（而不改變產品架構），能不能守住市占率而不被積極數位化的競爭者奪走？透過增加其他相關情境，企業可以讓模擬結果顯示出哪些客戶可能成為早期採用者。有了這些模

擬結果後，工業公司必須展示出有形的優勢，以激勵早期採用者從一開始就欣然接受並部署新一代的融合產品。

第二步驟，開發「最小可行融合產品」（minimum viable fusion product，MVFP），具備外接功能與模組，使目前類比產品能夠傳輸有價值的使用中數據。 現代車輛已經配備內建診斷埠，以收集電子控制單元（electronic control unit，ECU）的資料；拖拉機與其他工業機器也有類似的裝備。強鹿透過 JDLink 數據機功能，能夠輕鬆地將這個功能應用於現有拖拉機。透過加入獨特的協議，每間工業公司都可以研究如何追蹤、收集和分析內建於設備中的黑盒子資料。這類數據過去主要用於分析故障狀況，而現在工業公司可以開始系統性地將這些輸入給數據圖譜，以深入了解產品在不同操作情況下的運作狀況。最小可行融合產品的目標有三個：

1. 展示從現場收集特定數據屬性的可行性；
2. 將數據輸入數據圖譜進行相關分析；
3. 開發出能夠提供給客戶無法自行獲得的可行建議。

為了加速融合產品的轉變，企業可以運用這個方法，在現有產品中加入感應器與軟體，他們就能夠迅速且準確地傳輸數據。這樣一來，企業還可以設計與現有產品相容的介面。

第三步驟，迅速轉換現有設備基礎。 融合產品的部署速度對成功非常重要。我們對產品設計師的要求是：與數據科學家合作，共同開

發從目前狀態（為現有機器加裝遠端監測技術）到未來設計融合產品的多年期轉型時間表，並根據即將出現的新數位功能的成本與效能提供分析。向經營團隊展示各種可能的加速路線圖選項，以便根據成本效益分析來做出必要的投資決策。**企業的機器基礎設備愈快轉換為融合產品，就愈能夠展現與以往競爭對手的差異，並戰勝那些因種種限制而無法快速轉型的對手。**

融合產品本質上並非靜態的。數位科技——尤其是感應器、軟體和分析工具——將不斷改變產品架構，重新塑造產業的競爭應對方式。舉例來說，區塊鏈技術可能在移動服務、保險、供應鏈認證以及零件可追溯性方面發揮作用。區塊鏈有助於加快自動駕駛的發展，透過分散式帳本技術，車主、車隊管理者和製造商能夠共享數據，促進整個生態系統中的數據流通。豐田已經開始進行區塊鏈的實驗[11]。我們特別關注的是，透過端到端的供應鏈資訊記錄，所有與車輛生命週期相關的資訊都可以被記錄並共享，包括零件的製造、運輸與交貨資訊。**隨著汽車區塊鏈的擴展，三重數位分身的能力也將同步提升。這是因為它能夠確保供應商、經銷商、客戶和合作夥伴在不同地理區域內的數據可靠性。**工業公司必須了解此類技術融合可能會帶來潛在的顛覆與嶄新的機會。

成功的產品轉型路線圖有賴於企業如何將「時鐘速度」（clock speed）最佳化，這是運算領域的比喻。這包括三個要素，首先是**設計速度**（design speed），也就是從零開始開發融合產品架構並展示原型所需的時間，包括合作夥伴的角色。接著是**開發速度**（development speed），也就是生產融合產品所需的時間。這展現的不只是架構的可行性，還有所需的基建（包括合作夥伴），以生產評估財務與技術可行性所需的單位數。最後是**部署速度**（deployment speed），也就是加速數據網路效應以獲得競爭優勢的時間。這是指確保穩定的狀態，在這個狀態下數據圖譜、演算法被充分訓練，以開發能夠遠端維護產品的各種經驗法則。

步驟4：變現（Monetize）

B2B 企業通常根據產品的效能與功能來定價，但對於工業公司而言，定價始終是一項艱鉅的挑戰，而在融合產品的情況下，定價方式將有所不同。這是因為**融合產品為客戶創造價值的方式，主要在於短期內降低無效率的運作，長期則是要提升生產力。融合產品能夠確保機器的停機時間接近於零，並且能夠根據來自不同客戶、不同應用情境的數據圖譜與演算法，在運作過程中即時改善與升級產品。**此外，這些產品還能在經過一段時間之後，不斷催生更加創新的產品。類比的世界並不具有這些價值。數據圖譜已經將價值創造出固定模式，從傳統的「一次性銷售」，轉變為產品在「每個使用時刻」持續創造價值的模式。

融合產品提供三種變現選項。第一種是溢價定價（Premium Pricing），就像特斯拉一樣對產品收取溢價。工業公司必須有效溝通產品特性，讓客戶理解融合產品如何在效能與可靠性方面實現其價值主張。相較於競爭對手，傳統企業往往只能依賴第三方評等（如 J.D.

Power 評等）或平均歷史資料，以支持其產品效能主張，而融合產品製造商則可以利用數據圖譜與生成式 AI，確保其產品在運作效能上優於競爭對手，並具備更低的運作成本，將溢價策略合理化。透過三重分身所產生的數據資產，企業可以說服那些對價格敏感的 B2B 客戶，使其在有可信資料證據的情況下接受較高價格。

另一種選項是效能合約（performance contract），這類合約根據實際資料，針對不同等級的可靠性提供保證。例如，對於世界最大的快遞公司 UPS 或赫茲租車（Hertz）這類採購大量車輛的企業客戶來說，這一選項可能極具吸引力。傳統工業公司的擔保通常是根據機器的平均可靠性數據，這些數據主要來自風險共擔（risk pooling）。但製造商可以更進一步，透過即時數據、數據圖譜，並使用數位分身與演算法預測問題的發生並主動解決，為效能合約提供更高的可靠性與保障。

最後一個極具吸引力的獲利選項是利用融合產品產生的深入見解，進軍鄰近的市場領域。特斯拉能夠為車輛提供更好的汽車保險，正是因為它能夠記錄並分析每位駕駛者的實際駕駛方式，而不只是根據將駕駛者分為不同風險類別的平均資料。

融合產品策略的檢查清單

執行長和高層產業領袖關心的一大問題是，他們的產品是否能夠在新技術變革與競爭中保持競爭力。他們還需要人幫助以理解多種數

位科技，並弄清楚如何將這些技術整合到產品設計中。以下三個問題可以幫助你判斷是否已準備好迎接即將到來的戰爭。

問題1：你的產品是不是為數據圖譜所設計？

看看你的產品以及競爭對手的產品。不要過度關注數位科技的花俏功能，而是應該有條理地評估你的產品與競爭對手相比，在動態數據傳輸方面的內在能力。舉例來說，汽車產業的既有企業不應該只關注電動車的數量，而應該關心有多少車輛能夠追蹤並傳輸詳細的即時數據，以便能夠透過空中下載技術及時推送軟體更新。同樣的，拖拉機公司不應該只是將車載資通訊系統作為基準來收集機器數據，而應該關注的是軟體遠端更新能力。你的企業目前是處於領先地位還是落後地位？你能從那些在融合產品領域已經取得優勢的其他產業中學到什麼？

問題2：你是否正在利用數據網路效應？

在不同環境中學習可以帶來競爭優勢。Waymo正在將自動駕駛軟體安裝到新車和現有車輛中。這將產生顯著的數據網路效應，使該公司在大多數汽車製造商之間取得優勢。在類比世界中，更高的市場占有率和規模經濟可以降低製造成本並帶來優勢。而在融合世界中，數據網路效應將帶來更優越效能。與競爭對手相比，你能如何善用這些數據網路效應，使你的演算法能夠產生新的深入見解？

問題3：你的企業是否提供了差異化的商業價值？

　　融合產品能夠在市場上成功，正是因為它們擁有獨特的優勢，而這些優勢是尚未在設計機械時採用融合思維的競爭對手無法匹敵的。三重數位分身是一個很好的起點，但只有當數據與結果相連時才能真正產生價值。人工智慧的進步使工業演算法能夠大幅提升產品效能。諸如福特和通用等汽車製造商，不能只是依電路架構來區分其車輛，而是應該專注於數據和人工智慧如何推動差異化。這同樣適用於其他產業的工業公司。透過在雲端運用高效能運算，他們可以利用三重數位分身提供數據，以訓練演算法持續增強產品效能。這種方法還讓企業能夠在問題發生之前主動找出並解決問題，確保產品優於競爭對手。你的價值主張是否獨特且對大多數客戶有吸引力？

　　是否要數位化，對製造工業產品的公司而言，早已不再是選項。但單純在類比機械上增加數位功能仍遠遠不夠。唯有從設計、製造到部署，企業必須徹底重新構想產品架構，這樣才能在「融合產品策略」中勝出。要解鎖新技術帶來的價值，企業就必須將數位科技深度融入工業機械，展現數據網路效應與工業演算法的威力。在不同的工業會議上展示不同機器的新版本原型只是一個起點。正如馬斯克所說：「做原型很容易，難的是量產。」我們還要趕緊補充一點：只有當工業公司能夠證明他們擁有專業知識，從已經部署在現場的機器中產生數據網路效應，並且提供無與倫比的價值時，才能實現真正的差異化優勢。

融合產品是數位轉型的起點,為工業公司開啟了未來更多的可能性。其中之一就是融合服務,我們將在下一節討論。

第 6 章

戰場二：融合服務

將服務與融合產品結合，提升客戶生產力

以強鹿公司為例

　　美國工業巨頭強鹿一直在逐步重新設計工業設備，如拖拉機、聯合收割機、播種機、耕作機、噴霧機、切割機、刮土機和裝載機，使這些設備搭載數位功能。強鹿公司在 1990 年代中期就已經成立了一個專門的數位團隊，並推出了全球衛星定位系統（GPS）自動導航拖拉機，讓農民有時間可以專注在無法自動化的高價值活動。這項創新使公司能夠在車輛上的每個感應器標記地理空間位置。利用 GPS 連結的感應器，強鹿公司可以追蹤農業工作的關鍵步驟──播種、施肥和收割，並評估哪些方法效果最佳。強鹿公司早在農業科技（agritech）這個詞彙被提出並流行起來之前，就已經在執行農業技術策略。儘管擁有超過 180 年製造大型機器設備的經驗，但強鹿公司愈來愈依賴大

量精確的數據來深入了解客戶的業務。除了提供更多設備或性能更強的機器外，強鹿公司更專注於透過提供實體——數位服務來幫助客戶提高獲利，這正是**融合服務**。

我們在第 1 章介紹過的精準噴灑創新技術——源自強鹿公司在 2017 年收購的藍河科技（Blue River Technology）——並非異常[①]。在近年來，強鹿公司已在所有機器上安裝感應器，以收集農民在全球各地使用設備時的資料。這些感應器讓強鹿公司能夠即時分析設備的效能和輸出，以了解何時、何地、為何發生偏差，並深入探究其成因。

因此，公司對拖拉機的觀點已不再只是工業機器，而是一部連接雲端、裝在輪子上的電腦。專門的數位團隊長期專注於如何最有效從設備收集數據、將數據傳輸回總部、準備數據以利用人工智慧進行機器學習，並利用深入的見解來幫助農民提升生產力和獲利能力。

大多數農民只能得知自己農場的數據；每位農民都根據自身的操作經驗累積數據，並結合代代相傳的隱性知識來制定最佳耕種方法。相較之下，強鹿公司擁有來自所有使用其設備的農民的數據，並且能夠透過數據網路效應和數據圖譜創造出更大的價值。

透過將同一類型的機器互相連接，強鹿公司的雲端 JDLink 系統可以從全球各地使用相同機型的農場機器中學習。強鹿已經開始大規模收集數據，每秒鐘從全球 50 萬多部上網的機器中收集 1,000 萬至 1,500 萬個數據點，涵蓋超過 3.25 億英畝的土地[②]。當這些數據被輸入機器學習演算法後，強鹿公司便可逐步建立一套系統性的作業流程，以權威且自信的方式指導農民該如何行動。

由於強鹿公司是市場領導者之一，其數據網路效應比競爭對手更強大，而這些競爭對手無法（也不會）取得強鹿數據圖譜裡的關鍵數據。對於長期依賴機器規模與範圍競爭的工業公司來說，強鹿現在的競爭優勢已經轉向以公司專有數據為根據的決策建議，並且能夠以極為精細的方式進行數據分析。

這就是將描述性、診斷性、預測性和指示性分析連結起來的邏輯，成為強鹿的競爭優勢所在。強鹿不斷透過推出具有數據收集與通訊能力的新機器來領先競爭對手，同時也尋找方法來升級改造舊的機器。從 2024 年起，強鹿開始在拖拉機上安裝自動駕駛組件，以便在未來技術成熟時充分發揮作用，而且在設計新一代資料傳輸數據機時也考量到舊機型的機器，以確保向下相容性。

以強鹿公司來說，其硬體與軟體層已被整合到一個顯示介面中，是農地作業的控制中心。公司的拖拉機配備自動化功能，能夠在農地精確地轉向，減輕操作員的壓力，並透過減少錯誤和浪費來降低投入成本。強鹿公司最新的 8RX 拖拉機允許農民遠端監控其運作，即時分析數據，甚至未來可以完全自動操作。此外，強鹿公司收購數位新創企業的策略，讓公司比更晚進入數位領域的農業機器製造商更有優勢。在 2021 年收購 Bear Flag Robotics 之後，強鹿公司獲得了與現有機器相容的自動駕駛技術，這是一項關鍵優勢。

強鹿公司的精準噴灑系統則是將融合思維應用在農藥使用上。以前的最佳農業做法是在整個農地均勻噴灑農藥，以應付雜草或害蟲問題，但是現在這個做法正逐步被選擇性噴灑技術所取代。這項創新不

只是針對性的噴灑，系統還能在經過農地後生成兩張地圖，幫助農民更有效管理雜草。一張噴灑地圖顯示每次通過時施用除草劑的區域比例，而雜草壓力地圖則標示出農地上所有雜草的位置。這兩張地圖結合起來，使農民能夠制定更有效的雜草管理計畫。只有少數公司能夠提供這種結合數據、視覺人工智慧和分析能力的客製化服務。有了更多噴灑機部署在不同地區後，強鹿公司在除草領域將累積其他公司無法比擬的專業知識。

但農業不單單只是除草而已，還有影響農場獲利的肥料管理。強鹿公司最新的創新產品 ExactShot（精準噴射），利用感應器與機器人技術，使機器能夠只在需要的地方精確施肥，而不是沿著整條種植列持續施肥。這種方法可減少高達 60% 的肥料使用量，因而提高經濟效益。

透過物聯網（IoT）設備，強鹿公司已經收集到包含 500 億個數據點的農地條件與地形地圖，讓公司擁有美國農場和草坪的智慧型神經系統。一段時間下來，關於種子、肥料和雜草管理的數據分析，將有助於強鹿公司建立全球農場獲利因果關係模型。強鹿的拖拉機設計創新，但其終極目標不只是產生機器生產力指標，而是要幫助農民提高農場的獲利。

強鹿公司的創新不止於此。公司位於舊金山的實驗室專注於利用電腦視覺對農作物進行最佳分類。類似於特斯拉的自動駕駛團隊，強鹿公司的視覺團隊正在訓練演算法，以便在不同環境下學習，並根據播種不同種子、微氣候和土壤條件變化的農地圖片來調整並改善啟發

式方法。種子在不同的環境中會產生品質各異的農作物，這通常只有經驗豐富的農民才能識別，而強鹿公司正努力訓練其演算法來做到這一點。具備電腦視覺並連接至雲端的機器設備能夠收集數據，幫助工業系統學習不同的農業場景，並向農民提供更好的決策指導。透過與有潛力的新創公司合作，強鹿公司就能夠開發更多為客戶創造價值的途徑。

數位架構堆疊支撐著公司成為農業科技領導者的願景。其核心元素包括硬體與軟體、以全球衛星定位驅動的導航系統、與營運中心的連線能力、自動化技術以提升機器智慧，如施肥與除草管理，以及同樣也很重要的自主運作功能。這個數位基建的目標是透過數據圖譜和分析技術，提供強化的融合服務。為了保持領先地位，強鹿公司必須將其工業機器、設備與人工智慧技術深度整合，以建構一個對農場經營能夠深入細緻理解的概念模型。只有具備這樣的專業能力，公司才能夠為農民提供無與倫比的效能。

現在的農業已進入數據密集時代，農業的工作實踐早已超越傳統農業曆書、筆記本和祖傳經驗。新創公司 Tomorrow.io 的天氣與氣候人工智慧，能幫助農民根據數據做出更精確的決策，提升農場的獲利能力。現在 ChatGPT 在農業上的創新應用程式 Norm，已能回答有關天氣、土壤監測和新聞的查詢，未來這類模型還能從政府機構（如美國國家海洋暨大氣總署〔National Oceanic and Atmospheric Administration〕）和私人部門（如嘉吉〔Cargill〕、拜耳和先正達〔Syngenta〕）訓練數據中釋放隱藏的價值，這正是融合服務的未來

趨勢。

服務典範轉移

　　工業公司對於服務收入和獲利來源並不陌生，因為與傳統的非數位機器相比，他們往往能夠從服務中獲得同等甚至更高的價值。開發機器和設備的成本昂貴，全國性及地區性的經濟政策促成了當地資本設備製造商的誕生。此外，由於市場競爭激烈，產品的獲利空間非常小。因此，工業公司仰賴各類服務，例如維護合約、效能升級和融資來擴大獲利，且隨著設備老化，這些服務的需求會進一步增加。然而，「維修權」*運動及相關法規的出現，威脅到了這些獲利來源。部分工業公司提供租賃或訂戶制服務，讓客戶僅需支付所使用的產出或機器效能，而無需投入資本採購並擁有設備。這類以金融為導向的服務規模龐大且獲利豐厚，但並不是融合服務。

　　為什麼不是？主要原因在於這些服務並未追蹤產品使用數據，也沒有利用數據網路效應。如第 4 章的四大融合策略框架以及本章圖 6-1 所示，融合服務將企業的產品與客戶營運中的關鍵業務流程相互連

---

*　譯注：維修權（right-to-repair）是指消費者購買設備後，要求製造商提供維修服務的權利。歐盟及紐約州皆已立法，藉此影響生產者設計容易維修的產品，同時促進維修產業發展，推動更永續的商業模式。

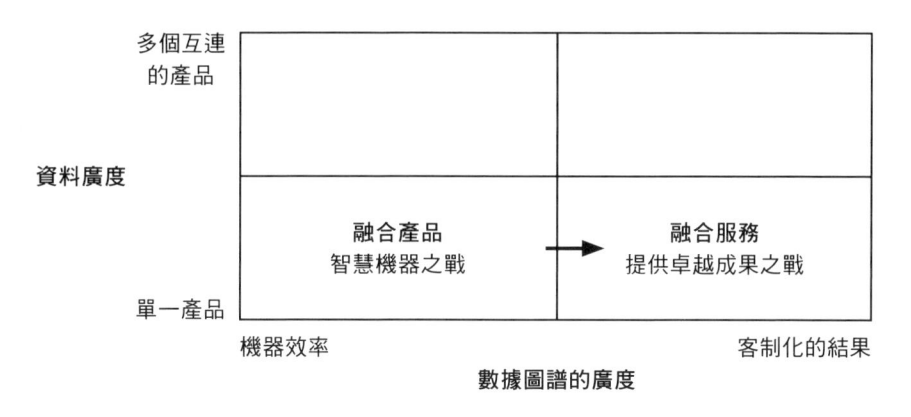

圖 6-1　融合服務策略的卓越成果之戰

```
資料廣度
  多個互連
  的產品
           ┌─────────────────┬─────────────────┐
           │                 │                 │
           │                 │                 │
           │                 │                 │
           ├─────────────────┼─────────────────┤
           │    融合產品      │   融合服務      │
           │  智慧機器之戰    →  提供卓越成果之戰 │
  單一產品  │                 │                 │
           └─────────────────┴─────────────────┘
            機器效率                   客制化的結果
                     數據圖譜的廣度
```

結。這種三重數位分身的模式可深入客戶的經營，當客戶允許時，工業公司就能夠加強這種連結，並以此贏得信任，進而提升客戶的生產力。數據圖譜涵蓋範圍擴大，納入反映客戶業務目標的數據元素；演算法則可預測並提供建議，以提升企業的獲利能力。

工業服務的最高目標是實現大規模且高速客製化，也就是能夠在適當時間以正確價格，向所有客戶提供合適服務。 這個目標現在仍處於起步階段。專家與顧問會研究機器的運作方式後提出改進建議，既有企業與合作夥伴則提供維護服務以確保設備能正常運作。但是融合服務可以透過數據網路效應產生公司專有的深入見解，並透過個性化演算法捕捉更高的價值。

在多樣化的條件下，長時間下來，受數據網路效應驅動的機器學習演算法能夠不斷提升創新技術的效能，例如精準噴灑與 ExactShot

（精確射擊）。**數據網路效應與演算法將成為未來強鹿公司數位工業機器產品公司核心驅動力**。強鹿公司執行長約翰・梅伊指出：「機器學習是公司未來的重要能力。」[3]

融合產品與融合服務是以完全不同的方式來提升客戶的成果。融合產品可將機器的正常運作時間提升至接近100%，可減少客戶的維護成本，進一步提高客戶的獲利能力。數據圖譜與演算法讓強鹿公司可以從「修復性維護」（事發後反應）轉變為「預測性維護」（事前預防），進而實現融合產品的價值主張。但是強鹿公司更進一步，提供客戶融合服務。

透過分析精準噴灑在不同農場、地區及國家的運作數據，強鹿公司的人工智慧與機器學習系統能夠制定提升農作物產量的規則。這項服務不只是提高機器正常運作時間的效率，更關鍵的是提升精準噴灑對農民收成的影響。如果是由人力來執行精準噴灑服務的成本高昂、耗時且容易出錯。而「融合服務」則能夠透過提升農業作業的效率與效果，進一步提升客戶的獲利。因此，「融合服務」所創造的獲利空間比「融合產品」所帶來的獲利空間還要大得多。

為了實現這一點，工業公司必須在產品設計時考量如何使產品更容易與客戶的業務營運整合，進而發掘提升生產力的新方式。此外，為了捕捉最多的價值，他們需要學會如何不依賴大量現場技術人員或高成本的服務合作夥伴，而是透過數據、數據圖譜還有以專業領域為主的演算法，幾乎自動地為客戶提供客製化建議。

強鹿公司從提升機器效率到影響農場獲利能力的轉變，凸顯了打

造融合服務的四個關鍵要素：1. 透過無接縫的數據流、數據網路效應以及服務數據圖譜，實現與客戶業務營運的整合；2. 運用這些數據圖譜進行描述性、診斷性、預測性及指示性分析，並利用人工智慧演算法驅動決策；3. 借助這些演算法，迅速且有效地向客戶提供量身訂製的業務建議；4. 透過深入了解客戶營運的細節，開發未來的價值主張，以提供更深入的服務見解。

接著我們就來看看如何在實際操作中實現這些目標。

融合服務四大關鍵步驟

許多聲稱以服務為核心、以客戶為中心的工業公司，對於其機器如何直接影響客戶獲利幾乎沒有即時資訊。雖然他們能夠獲取有助於做出廣泛影響聲明的高層數據，但卻無法為每位客戶量身打造產品以達到最佳效能。他們的宣傳手冊和白皮書展示了表現最佳的案例，但是對於如何系統性提升表現處於較低四分位數的客戶，卻缺乏深入的見解。

致力於轉向融合服務的工業公司會面臨內部與外部的挑戰。內部挑戰在於必須從「先銷售、後服務」的思維模式轉變為「優先關注客戶成果」。當基層工程師和行銷人員接受這種新的導向後，外部挑戰則是說服客戶（無論是現有客戶還是潛在客戶），讓他們相信這不只是一個行銷口號而已。**融合服務的基礎是一個核心信念：工業公司若不深度嵌入客戶的營運並在內部重新定位，就無法真正影響客戶的獲**

利能力。

我們概述工業公司成為融合服務領導者的四個基本步驟（這些步驟對應於第 5 章討論的「將非數位產品轉化為融合產品的四個步驟」）。第 1 步是**建構**新的服務，並將數位吸睛點（digital hooks）整合到客戶的營運之中。第 2 步是**組織**公司的端對端營運，並聚焦於客戶成果。第 3 步是**加速**推進路線圖，確保能夠按規模及時交付服務。最後，第 4 步是以一種公平且能夠為所有貢獻者釋放新價值的方式，提供服務以**變現**。這四個步驟形成一個快速迴圈，不斷透過回饋循環重複運作。

步驟 1：建構

將融合服務的範圍擴展至深入客戶的營運是個重大挑戰，因為這需要說服通常希望工業公司保持距離的客戶參與其中。商業客戶顯然比個人客戶更為謹慎，而個人通常很天真，或是無意識地允許企業透過智慧型手機和其他數位設備及服務，進入他們的日常生活。

若要展開有關數位相互連接的對話，其中一種方式是**與新興的業務優先事項保持一致，例如永續發展或供應鏈韌性**。舉例來說，聯合利華（Unilever）的再生農業原則旨在「對土壤健康、水質與空氣品質、碳捕捉以及生物多樣性產生正面影響」。由於聯合利華希望與符合這個原則的農民進行業務往來，因此強鹿、凱斯紐荷蘭工業、拜耳、嘉吉等公司可以利用這個新倡議來連結數據鏈，幫助農民證明其業務實踐符合該原則。此外，全球供應鏈中斷使韌性成為大多數工業

領域（包括建築和運輸）中的高優先級議題。工業公司可以展示數據吸睛點如何實現端對端可視性，並揭示緩解和管理供應鏈風險的替代方案。例如，農業和建築設備公司 AGCO 在疫情初期成功對應市場變化，與客戶的新優先事項保持一致，以幫助觸發「飛輪效應」（flywheel effect）──推動沉重的飛輪產生動能，直到某個臨界點後，它就會自行加速旋轉──進而讓更多客戶願意相互連接。

獲得客戶允許嵌入其營運的第二種方式，是透過教育客戶了解即時數據的價值。工業公司可以藉助來自輕資產環境的案例，透過即時數據分析來描繪服務帶來的好處。Uber 在貨運和物流領域推出了一款為運輸商提供即時數據的應用程式，展示了貨運機會及透明的價格資訊。如果能透過來自先導實驗（pilot experiments）的資料模擬進一步強化，這類教育活動將更具說服力。舉例來說，強鹿可以利用精準噴灑的資料來預測，如果將公司所有設備整合至整個農業生產週期，將如何使農場的產量達到最大。凱斯紐荷蘭工業也正在展示公司的無接縫融合服務的價值（從研究→購買→規畫→使用→報告），使產量達到最大以及改善整體農場表現。此外，拜耳的農藝專家與氣候公司（Climate Corporation）的數據科學家合作試圖說服持懷疑論者，數據圖譜和視覺化技術在精準農業中的強大作用。

第 3 種嵌入客戶營運的方式，是提供融合服務的折扣或補貼以換取公司的專有數據。許多客戶需要幫助以便讓飛輪加速運轉、收集夠多的客戶資料，以獲取深入的見解並開發業務演算法。因為提供折扣給早期買方以及為了秉持合作精神，工業公司就可以請求買方提供數

據，揭示並強化數據圖譜作用的資料，以及展示數位吸睛點如何將其產品與客戶的營運相互連結，為雙方帶來更大的價值。

第 4 種方式則是展示工業公司對融合服務的承諾與決心。現有企業可以透過揭示已建立的數位基建和數據收集能力以及雇用的人才，來提高客戶接受的機率。此外，他們也可以展示，自己的客製化服務將不再依賴僵硬的規則和直覺決策，而是根據人工智慧對即時數據的詳細分析。

工業公司必須以有說力的方式展示其能力，因為轉向融合服務策略將重新塑造競爭格局，所以公司必須與更懂數據、系統和人工智慧的數位新創公司競爭。只有向買方證明，他們的優勢在於對買方領域的深入理解、持續從數據中學習的能力，以及能夠為機器提供即時可執行的建議，現在的公司才能以「融合服務」勝出。

步驟2：組織

當工業公司獲得客戶許可，連接數據流至客戶的營運，並建立了基礎後，下一步便是確保企業內所有部門以及外部合作夥伴，針對如何使用這些數據來提供獨特的服務達成共識。

價值創造與價值獲取的核心，將從工業公司所製造的機器轉移到其所提供的服務，這些服務能夠提升客戶的獲利能力。但是大多數企業的內部組織仍受限於部門各自為政的傳統，並維持提供產品（而非提供服務）的思維模式。績效衡量標準應該以買方的業務為主，而非賣方。因此，工業公司的能力與知識必須擴展，以掌握買方的業務營

運。為了確保組織能夠深入了解客戶，**專注於服務的高階領導者必須考慮至少三個重要的領域可能會有的變革**。

首先，領導者必須深信不疑並且確保組織架構支持已重新定義以服務為核心的新策略。強鹿於 2020 年宣布的新架構，推動了一個整合的產品路線圖及相關投資，以完全滿足客戶需求[4]。在許多傳統工業公司中，銷售與服務部門是分開運作的，這展現出的是「先銷售，再服務」的導向。大多數服務部門的職責與績效衡量標準，是以機器的運作狀況來定義的，而不是聚焦於部門的服務如何提升客戶的生產力。在多數情況下，他們可能不了解自家的機器在客戶營運中的實際部署方式。有效的融合服務需要銷售與服務團隊朝著相同目標前進、實現更緊密的協作、採用單一介面來持續收集來自客戶營運的數據，並透過共同的績效衡量標準來進行評估。

將數位效能分身延伸至客戶營運，可以為企業提供更豐富、更即時的數據來源。強鹿公司的全方位技術架構支援整個機器產品組合，透過提升精準度、自動化、速度與效率，為客戶創造價值，這在過去實在難以實現。在許多其他環境中，向服務轉型可能會引發部門與職能之間的衝突。

第二，執行長必須主導推動三種類型的數位分身整合至企業外部，因為效能分身現在已經更深入地融入客戶營運中，並對安全性與隱私提出更高的要求。聚焦在機器如何影響客戶獲利能力的三重數位分身，比只關注機器效能的分身模型更加強大且更具價值，如本書在第 5 章的討論。

服務效能分身將確保企業能夠在不同應用場景與地理區域內，充分掌握客戶實際使用產品的方式。如果強鹿或凱斯紐荷蘭工業能夠開發一個全面且不斷擴展的知識概念模型，將影響客戶獲利能力的關鍵因素與公司機器在使用中的狀態連結起來，就能獲得比其他工業公司更大的競爭優勢，類似谷歌透過知識圖譜從各種搜尋查詢中獲取洞見。為了成功利用生成式 AI 進行實驗，工業公司必須簡化端對端流程，並獲取端對端的視角。這麼做有助於他們掌握多模型的概念模型，並用於產生推薦的內容。若企業內部仍無法合作，那麼生成式 AI 模型的價值就會受限。

　　第三，有效提供融合服務需要整合外部能力——策略制定者必須從一開始就確定首選的供應商、廠商與合作夥伴，因為他們需要互補的資料來源與技術夥伴，以執行融合服務策略。他們必須制定一個清晰的路線圖，指示企業在哪些領域製造、採購、或尋求合作夥伴，以及相關的資源承諾如何幫助他們將客戶營運與自身業務互聯。因此，融合服務策略的關鍵步驟之一就是，企業必須將自身的關注點從機器與設備擴展至客戶的整體營運，**將每一位客戶的業務視為自身業務的延伸。**

步驟 3：加速

　　如何有效推動融合服務的發展？這是極為重要的問題，因為工業公司必須為此分配有限的資源，如財務、人力以及高階經理人的時間。同時，他們還需減少對其他優先事項的投入。對於已成立多年的

公司而言，這種資源的重新分配始終是一項挑戰。

首先選擇一小部分積極參與的客戶，建立「最小可行性融合服務」（Minimum Viable Fusion Services，MVFS）。這不只是紙上草圖或簡報，而是與這些積極客戶共同創造服務方案的原型，並詳細說明（必要時輔以模擬）數據網路效應如何促成服務數據圖譜的建構、這些數據圖譜上的演算法如何提供可行的建議，以及這些建議如何轉化為業務收益。最小可行性融合服務將揭示與這些客戶擴展服務時的機會與挑戰。此舉將開始列出服務提供方單位、業務採購單位以及二者之間互動的本質需求。此外，還能幫助了解客戶願意共享數據的程度，以及測試不同的獲利機制。這個專案還會揭示如何將結構化和撰寫了程式碼的數據與半結構化和非結構化數據互補整合。即使原先積極的客戶最後不願意在先導專案結束後長期使用這些服務，也能從中學到寶貴的經驗。

下一階段的路線圖是開發經過調整並改善的服務方案，並向一組早期熱衷投入的客戶提供服務。這組客戶應該包含來自不同業務領域和地理位置的多種類型企業，以便工業公司測試如何調整核心服務設計，以滿足不同客戶的需求。融合服務並非一體適用，而是透過模組化設計來滿足特定的需求。你可以將這些早期熱衷投入的客戶視為一個機會，幫助你深入理解不同類型硬體和軟體整合需求、評估額外數位料吸睛點在相互操作性上的便利性、不同客戶在業務成果中的角色與責任等。此外，還可以利用這組客戶來幫助你確定如何快速自動化數據收集與分析，以及結合機器學習與人類專業知識最佳的方式。

根據第二階段的結果，工業公司可以進一步擴展至一組快速跟隨者（fast followers），如果這一切順利，就可以再擴展到更廣泛的大眾市場中。

採取分階段的方法，讓工業公司能探索數據相互操作性中夥伴關係的作用。就像雲端運算降低了運算成本一樣，例如亞馬遜網路服務、微軟、美國雲端資料庫服務商 Snowflake 等企業所組織的數據交換，將使數據更容易取得。雖然農業、建築、住宅建設、運輸和物流等產業的數據交換將從標準數據開始，但很快就會擴展到提供更多樣化、更有價值的數據。這將使競爭優勢轉向那些擅長數據分析與演算法應用、能夠提供可執行建議的企業。

加速計畫還應考量潛在的結盟或收購機會。幾十年前，當 IBM 開始從硬體製造商轉型為 B2B 服務供應商時，公司缺乏諮詢專業知識，於是收購了資誠聯合會計師事務所（PwC）以作為轉型的催化劑。同樣的，孟山都（Monsanto）在 2013 年以 10 億美元收購了氣候公司，以整合後者在農業分析和風險管理方面的專業知識，並結合孟山都的研發能力，目標是讓農民能夠取得更多有關影響農作物成功的因素資訊。這個舉動是工業公司首次嘗試提供以傳統產品為主的數位服務的例子之一。

在內部專注於為拖拉機增加數位功能近 20 年後，強鹿公司才進行重大收購，併購了藍河科技（Blue River Technology）。強鹿公司充分了解到公司需要加快數位能力建設，並於 2020 年時收購一間電池技術公司的多數股權，並收購了一個客戶服務平台（AgriSync）。2022

年，公司收購一間專注於自動駕駛車輛深度偵測以及攝影機感知技術的公司的專利與智慧財產權（Light）；2023 年時收購了一間精準噴灑技術公司（Smart Apply）和一間機器人工智慧公司（SparkAI）。執行長及高層經營團隊致力於透過結盟、夥伴關係和收購的組合，來實現公司轉型目標。

凱斯紐荷蘭工業公司則是於 2021 年收購雷文工業公司（Raven Industries），以加速其數位轉型，並在 2023 年收購一間機器視覺公司 Augmenta，其專有的 Sense & Act（感應與行動）技術與強鹿的產品形成競爭關係[5]。融合服務的轉型可以是機能性成長，但是透過收購與聯盟可以加速其進程。工業公司應尋找具有吸引力的收購目標，以啟動融合服務的旅程，但同時也需謹慎考慮整合時所面臨的挑戰。

步驟 4：變現

如果工業公司深入客戶營運，以利用數據並創造新的價值來源，他們不能只將所有價值據為己有，而是必須以公平透明的方式與客戶共享。例如，麥肯錫顧問公司估計，農業數位化帶來的產量提升與成本節約，可為美國葡萄園每英畝增值 200 至 800 美元[6]。而埃森哲顧問公司（Accenture）則估計，**數據驅動的決策可使農場每英畝表現提升 55 至 110 美元**，實際的數字要視種植的農作物種類而定[7]。但是大多數農民與工業買家並不相信這類平均績效提升的資料，因為真正的結果要視眾多因素而定，其中許多甚至超出決策者的控制範圍。而這正是數據圖譜發揮作用的地方。

在早期階段，當客戶對融合服務的角色與優勢仍不太了解時，可以考慮「個別定價」（unbundled pricing）的方式，也就是客戶仍按照原來的方式採購融合產品，不附加任何額外條款。這樣一來，他們可以獨立評估以數據網路效應為基礎與演算法推薦的融合服務是否有價值。謹慎的買家會比較獨立的第三方服務供應商，以及擁有融合服務的工業公司之間的相對優勢。因為純服務型公司（pure-play service companies），也就是只提供服務、不依賴任何特定產品的企業（如 Samsara），已經利用車載資通訊系統、遠端設備監測與作業現場視覺化等技術，設計並部署了一個連網的操作雲端（connected operations cloud），以提供競爭的服務。這種純服務型公司可以在不擁有實體設備的情況下，將必要的功能組合在一起。純數位服務公司透過遠端數據連接工業產品，例如透過車載資通訊系統與軟體，事後在客戶操作現場加入數位連結，以解鎖客戶價值，並直接與強鹿、開拓重工、艾波比等公司競爭。因此，強鹿與美國工業物聯網獨角獸 Samsara 合作以增強其融合服務的競爭力並不令人意外。工業買家應該系統性地比較不同供應商的服務，以回答關鍵問題：擁有整合式三重數位分身的融合服務公司，是否能提供第三方公司無法匹敵的建議？

當工業公司開始堅持其整合價值主張，自然就會採取「整體定價」（bundled pricing），而這種價值主張完全取決於從跨多個環境的產品和服務領域知識中，得到針對客戶所提出的特定建議的真實性。數據網路效應使融合服務能夠在競爭中脫穎而出，避免競爭對手只靠經驗法則來提供協助性的建議。業務流程愈簡單，客戶就愈願意讓工業

公司負責其營運、確保數據整合，並發揮增值的角色。此外，客戶群規模愈大、愈多元，企業從中學習的機會就愈多，服務推薦的準確性與信心也會隨之提升。最後，工業公司可以簽訂不收費的合約，而是取得額外數據的收集權限。

在農業等許多產產業中，企業對數位化如何影響業務績效的認知正在提升。麥肯錫顧問公司在 2020 年針對一百多間農業價值鏈企業的研究顯示，僅有 3 至 4 成的企業能夠從數位化轉型中獲得正面收益[8]。因此，雖然單純透過自動化進行數位化轉型所帶來的效益有限，但是能夠利用數據網路效應，為特定客戶提供個人化推薦的企業，將能夠獲得更高的獲利。這與我們的觀點一致，那就是融合服務的價值前沿將以「數據圖譜」為基礎，這些圖譜能夠累積來自不同環境的數據（數據網路效應），並且透過強大的演算法開發出可執行的個人化建議。

工業公司還應關注經銷商與配送商在服務交付中的角色。融合服務無法完全透過遠端營運中心與雲端技術來提供。在許多情況下，並且在可預見的未來，仍然需要人工干預來修復無法自我診斷與修復的機器零件。就算是特斯拉擁有強大的遠端維護能力，但它仍必須要有維修中心，以處理無法透過無線軟體更新（over-the-air software fixes）解決的問題。強鹿、艾波比、開拓重工與凱斯紐荷蘭工業等工業公司，已經與經銷商、承包商與服務供應商建立了長期合作關係，這些地區經銷商擁有對農業的隱性知識，能夠補充感應器與衛星已編碼的資料。因此，企業應邀請這些經銷商並將他們納入融合服務中，

還要確保在新創造的價值中,他們能獲得公平的比例。

融合服務策略的檢查清單

持續的數位變革需要大型企業的執行長系統性地考量其業務範圍。第 5 章強調了聚焦於「數位技術堆疊」(digital technology stack)的重要性,以重新設計機器並確保與產品數據圖譜的無接縫整合。只有在完成這一步之後,企業才能突破自身邊界,探索與客戶的相互連接,並將服務數據圖譜作為未來成長的核心支柱。

在傳統的非數位化世界中,提供服務的途徑很多元,例如授權維修、被動維護、延長保固、託管服務,以及將資本投資轉化為營運費用的財務工程。由於這些服務並未利用數據網路效應,因此缺乏差異化。那麼,企業應該將融合服務當作發展策略嗎?我們提出三個關鍵問題以供考量。

我們的服務能否透過數據圖譜提供更優異的客戶成果?

在工業時代,服務的核心是機器正常運作的時間;**而在融合服務時代,重點則是透過更優異的專業知識和個人化建議來提升客戶成果**。如果企業能夠提供深入深入見解,解釋為何客戶的業績未能達標,並且能夠針對特定客戶提出業務績效最佳化的具體建議,使客戶更能善用機器數據,那麼企業應該考慮發展融合服務。奇異航空(GE Aviation)就是一個很好的例子。

阿聯酋航空（Emirates）在 2012 年時發現，其部分 GE-90 引擎的零件老化速度很快，因此要求奇異航空提前將這些引擎從飛機上拆除並進行預防性維護，以避免引擎故障或停機時間超出預期。這個請求在財務上對買賣雙方都是個挑戰——增加維護頻率將提高奇異航空的成本，而阿聯酋航空則需要額外採購更多的引擎和備件。在非數位時代，奇異航空可能會選擇低調拆除引擎、進行更多維護，並自行吸收額外的財務負擔。

而在數位時代，奇異航空選擇求助於奇異軟體（GE Software），利用數位分身來模擬阿聯酋航空整個機隊內所有奇異供應的引擎性能。分析發現，這些引擎可分為兩類：一類用於從杜拜飛往中東和南亞的短程航班，飛行於炎熱乾燥的環境中；另一類則用於從杜拜飛往美國和西歐的長程航班，飛行條件較為理想。結果顯示，短程航班上的引擎老化速度比奇異預期得更快，而長程航班上的引擎則老化得較慢[9]。透過數據圖譜驅動的分析，奇異航空制定了一項方案，透過增加短程航線引擎的維護頻率，實現雙贏局面。這不只改善了奇異與阿聯酋的財務狀況，也充分展現了融合服務帶來的價值。

我們的服務是否結合了人類專業知識與人工智慧？

開拓重工一直走在數位分身技術應用的前端，透過數據驅動的深入見解來提升客戶成果，包括對設備停機時間的超精細預測，以及針對不同客戶微調自動鑽探流程。但是人類仍在其中發揮互補的作用：人類負責決定如何在現有設備上部署感應器，如何設計能夠從現場傳

輸更豐富資料的下一代機器，如何開發分析數據圖譜的工業演算法，並在最初階段對演算法所建議的決策進行驗證與核准。這種結合人類專業知識與人工智慧的強化智慧，正是工業自動化巨頭艾波比在服務交付方面的核心策略[10]。艾波比透過將服務設計為「雲端為中心、人工智慧為先」（cloud-centric and AI-first）的模式，將以往由人類專家主導的現場服務，轉變為由人工智慧驅動、人類專業輔助的過程，使其能夠在不同場景中分析問題，並制定解決問題的規則與經驗法則。

如果你的服務交付模式能夠在整個企業內部並延伸至客戶營運，結合人類專業知識與機器智慧，那麼你就應該推動融合服務。

我們的服務知識庫是否具有獨特性？

數位化的重大轉變並不是關於大數據，而是關於資料庫的演進——從記錄系統（systems of record，記錄生產地點、方式、成本、銷售對象、地點與價格等資訊）轉變為數據圖譜系統（分析工業機器如何在不同客戶場景中提升業務成果的模式）。許多B2B企業已經建立了客戶關係管理（CRM）系統與經銷商管理系統，並且整合了客戶資料庫，以計算每位客戶的獲利能力，甚至預測客戶是否可能不續約。銷售資料庫通常與經銷商與第三方服務供應商提供的服務數據是分開的。

以大多數汽車保險公司的資料庫為例，內容通常只包含被保險人的姓名、車輛型號與品牌，以及相關的保險理賠記錄。而特斯拉的知識庫則更進一步，累積了每位車主在自動駕駛模式與其他駕駛條件下

的駕駛行為資料，使得特斯拉能夠提供市場上最便宜但仍然獲利頗佳的汽車保險。在傳統工業世界裡，企業往往對自己生產與銷售的產品擁有詳細記錄。然而，正在推動融合服務的企業（如強鹿、開拓重工和艾波比）正在建立額外的記錄，以追蹤其連網的機器在不同地點的運作表現。他們透過這樣的做法逐漸意識到，提供卓越服務所需的知識庫與客戶資料庫是分開的，且服務知識庫應該更加全面。他們已經接受這樣的觀點：服務知識庫必須能夠分析不同客戶、環境與條件下的模式，以理解「為何」、「何時」以及「何地」會產生服務需求，並開發以規則為根據的服務方案，以滿足以上所有需求。

這其中的教訓是：**如果你的企業已經突破了傳統的資料庫孤島，建立了一個能夠不斷幫助企業與客戶改善業務成果的服務知識庫，那麼你就應該推動融合服務。**

對工業公司而言，服務前沿是一片嶄新且充滿機會的領域。企業現在有機會不只是交付智慧的機器，還能進一步影響客戶的業務成果。但是這並不表示必須設立昂貴的服務中心並聘請大量人員，而是需要將數位分身技術更深入整合到客戶營運之中。這表示企業必須審視是否具備適當的條件來探索超越機器產品的新機遇，評估價值從產品向服務遷移的潛力，以及分析在這場新戰場上取勝的有效策略。這也表示公司必須知道，競爭對手不再只是傳統的工業機器製造商，而是來自第三方服務供應商的新興競爭者。

舉例來說，強鹿必須警惕新興、精通數位技術的服務供應商。像美國天寶導航（Trimble）、農業機具製造商 Farmers Edge 和農業科技

公司 Granular 這類新興企業，可能會嘗試透過全新的服務，介入強鹿與其客戶之間，削弱強鹿與農民及其他客戶長期建立的業務關係。這種新的競爭威脅來自於這些公司能夠利用數位工具，對強鹿數十年來累積的知識進行逆向工程。隨著生成式 AI 工具將最佳實務知識以高層次的方式進行編碼，強鹿應該努力讓其服務價值主張更加獨特，根據數據提供服務，確保其機器設備能夠被精細調整，以提升農場生產力，使客戶獲得額外的每 1 美元（或歐元、日圓、英鎊或人民幣）收益。只有透過從數據圖譜中取得的專屬建議，才能解鎖新的服務價值，而這些數據圖譜並非依賴一般編碼知識的企業所能獲得的。

若要在提供卓越成果之戰中獲勝，工業巨頭必須重新思考其服務價值主張，不再侷限於非數位時代的服務模式，而是要開發差異化的深入見解、重塑客戶關係、注意不同類型的競爭對手，並在擴展的生態系統中建立新的組織安排。

如果這些策略沒有吸引力，工業公司還有另一種選擇──將機器設備與互補產品和設備整合為連貫的系統。這將使融合戰場轉向另一個層級。我們將在下一章進一步探討這一項議題。

第 7 章

戰場三：融合系統
確保客戶所有設備的正常運作

以 Honeywell 為例

　　杜拜的哈里發塔（Burj Khalifa）是世界上最高的建築，配備了多種系統，包括通風、空調、照明、供水管理、停車、倉儲、電梯、電信和安全系統。這些系統在幕後無形地運作，對於提升住戶和訪客的體驗極為重要。這棟高樓於 2010 年開放時被認為是智慧型建築，因為其系統相互連接、安全而且節能，提升住戶的生活品質。

　　如果去問為哈里發塔提供多項系統的工業公司 Honeywell，他們會告訴你，公司的重心正從傳統的磚頭和水泥構造，轉向「鋼鐵、玻璃與滑鼠點選」系統，透過數位科技使數據能夠在人類居住、工作、學習和娛樂的鋼鐵、混凝土、木材和玻璃結構中流通。為了應對這個轉變，Honeywell 為其所有產品──從暖氣、冷氣和通風產品，到電

子開關、馬達和工業自動化控制設備——配備了感應器、軟體和連接功能。透過將這些產品部署於不同國家的不同產業，Honeywell 從其所有機器設備中收集了性質各異的數據。

　　Honeywell 能夠整合不同的空氣調節系統（HVAC）元件，正是哈里發塔團隊選擇該公司的原因。Honeywell 的軟體能夠從空氣調節系統的各個部分收集並整理即時現場數據，分析數據以識別異常，並建議主動改正措施。此外，哈里發塔還依賴 Honeywell 部署智慧型設備，以應對不斷變化的冷暖需求。透過即時存取數據，這座摩天大樓的管理團隊能夠更早檢測到事故、更快應對並減輕潛在風險。Honeywell 的系統使哈里發塔的機器設備總維護工時減少了 40%，同時將設備可用性提高到 99.95%。[1]

　　Honeywell 為這座摩天大樓所做的並不是一次性的客製專案，而是一項實驗的開端，匯集不同的公司，致力於使其產品和服務相互連接，並通過無接縫的數據流來實現互通性，以便釋放出更多價值。這樣的系統在非數位時代是無法實現的，因為當時產品的開發和與最佳化是獨立進行的，各項產品應如何與其他產品協同運作並沒有納入設計的考量。

　　建築業長期以來按照設計、建造和運作，三個獨立且連續的階段，每個環節的公司各自控制專屬的規範、運作規則、協議和流程。每間公司都將自己的運作最佳化，彼此之間缺乏協調。建築完工後，為了使建築達到最佳的資源使用、舒適度和無障礙程度，業主和經營業者需要從多個來源獲取資料，這個過程既繁瑣又效率低落。設施管

理人員需要自行決定要修復哪些問題、何時修復，以及指派給誰修復，卻無法獲得即時的端到端視覺化資訊。此外，問題的解決方式沒有以標準化的方式記錄下來，無法供其他人學習。

建築需要數十種獨立的技術，這增加了複雜性、妨礙報告機制，而且也不可能從遠端管理。以孤立方式管理建築的運作，無法在系統層面進行最佳化，也無法從中學習以應用於多個建築專案中。換句話說，**數據的網路效應尚未被開發和利用**。但是市場預期正在改變。以前的建築系統，只需要在環境溫度或污染程度等參數超過規定限值時發出警報即可。現在有了數位功能，企業可以全面了解建築的運作方式，透過研究各部分如何協同運作，他們可以整合不同部分，然後以更符合成本效益的方式提升系統性能。

數位科技帶來了一項新的優勢：**數據與數據圖譜，將設計、建造和運作三個階段連結在一起**。因此，建築的融合系統變得可行，這些數位相連系統能夠捕捉並分析即時數據，即時應用數據驅動的深入見解，使建築的健康狀況達到最佳化，並提升其可持續性、運作效率和住戶體驗。混凝土、鋼鐵和玻璃仍然是建築的基礎資產，但數據和人工智慧才是新的競爭優勢。

麥肯錫的一項分析發現，建築和營造業在數位化轉型中面臨挑戰，主要是因為各部分極度分散，導致系統內部無法良好互通[2]。而且極少大型工業公司挺身而出應對這個挑戰。與大多數工業公司一樣，Honeywell 過去也以業務單元的方式運作，產品之間的協調極少。然而，該公司在 2018 年意識到，在數位世界中，整合產品可以做得

更多,於是成立了「Honeywell互連企業」(Honeywell Connected Enterprise),探索系統相連的好處。Honeywell在這個領域潛在的領導地位,將取決於公司能否在系統層面利用數據圖譜和人工智慧產生獨特的見解,而不只是讓個別組件或子系統運作得更好。

系統典範轉移

當建築物配備各類感應器——例如監測視覺、溫度和動態的感應器時,它們所收集的數據是多模態的,比單一產品層級的數據更為豐富。這一點可在第4章介紹的框架中看得出來,此處再以圖7-1顯示(左上方框)。與其只連接建築物內幾十個獨立產品的資料點,例如能源使用與保全,融合系統則能夠追蹤並分析數十萬個跨產品的資料

圖7-1　融合系統策略的智慧系統之戰

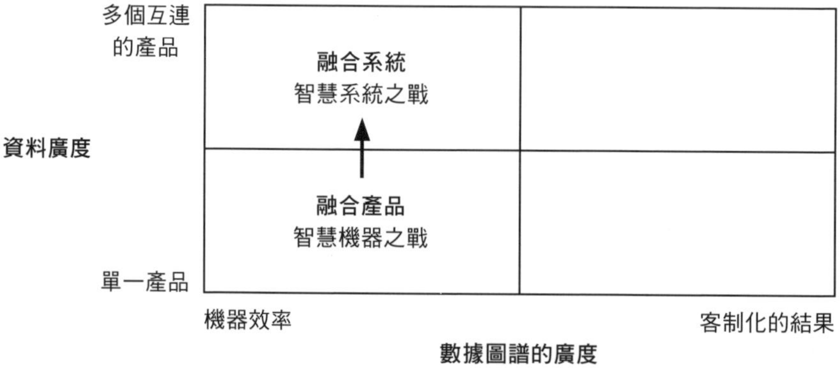

資料廣度	機器效率	客製化的結果
多個互連的產品	融合系統 智慧系統之戰	
單一產品	融合產品 智慧機器之戰	

數據圖譜的廣度

點。數千個感應器持續提供關於系統狀態、建築物內部的整體條件，以及與天氣等外部因素之間的關聯性資訊。一個具有性能數據儀表板的建築數位分身可用來節能、確保最大程度的可靠性和安全性，並進一步開發新的價值領域，例如建築內人員的舒適度最佳化。最終，建築數位分身將成為單一的真實數據來源，提供可靠且可存取的建築即時數據。Honeywell 必須要有這種對建築的統一視角，以便建立系統層級的數據圖譜。

Honeywell 及其他公司已開始開發利用 5G 蜂巢式技術和感應器的人工智慧應用，這些應用可從建築物的所有組件——包括建築物的大門、住家門、電梯、手扶梯、照明和空調——收集即時數據，並對其進行分析，以提供建築健康狀況及住戶福祉的深入見解。Honeywell 正在更廣泛地思考系統層級的商業機會，從各棟建築物眾多設施中學習收集到的數據，並利用數據網路效應。其技術應用於 1 千萬座建築物，不過並非所有建築物都能即時回傳數據至總部。在不久的將來，來自數百萬個不同建築結構的資料可能會匯入一個單一的數據圖譜系統，有助於使建築達到最佳健康狀況，並在運作和住戶體驗方面帶來實際改善。如此規模的**數據圖譜**將揭示全新的價值成長方式，使 Honeywell 不同於尚未理解融合系統力量的競爭對手。

由生成式 AI 驅動的融合系統不只應用於建築領域，還涉及運輸、農業、採礦、醫療保健、零售、製造、物流、航空等多個產業，其設備通常來自不同的製造商。舉例來說，工業自動化巨頭艾波比透過 ABB Ability 這個綜合系統，可以釋放以前可能因各種活動獨立運

作而受限的價值。

讀者必須知道，融合系統與非數位世界的系統整合是不一樣的。在非數位環境中，整合商的職責是將不同元素連接起來，使系統運作。但是融合系統的建立者需要確保系統不只是在第一天能運作，還能在新組件與新功能不斷加入的情況下仍能持續運作。生成式 AI 對於發掘如何透過不同配置來提升系統性能非常重要。建築業與數位工具的關聯歷史悠久，例如建築資訊建模（BIM）、全球協作供應鏈、電腦輔助設計／製造（CAD／CAM）等。此外，這個產業對於設計與製造領域的數位分身技術也有深入的理解。我們評估認為，融合系統是否能成功，將取決於三重分身能否超越單一產品而變得普遍。

融合系統將創造額外價值，因為系統的效率不是由單一機器最佳化，而是由共同運作的設備組合來達到最佳化。由於系統最薄弱的環節會導致運作中斷，Honeywell 可擴展其數據圖譜的應用範圍，以預測子系統的故障，而這些子系統可能由多個供應商的機器組成。

許多人認為向系統轉變只是技術上的變革，但其實這是一種由數據圖譜與演算法能力推動的策略轉變。Honeywell 前技術長曾提出一個發人深省的問題：

「如果你為一座煉油廠建立知識圖譜，你可以查詢：『上次事故或氣體外洩是何時發生的？發生了什麼事？採取了哪些應對措施？』這對於運作來說是一個非常強大的工具，這在今天仍難以輕鬆實現，因為這需要數位數據，並將來自不同來源的數據連接到單一圖譜

中。」他進一步表示：「谷歌建立了搜尋圖譜（search graph），臉書建立了社交圖譜（social graph），而在 Honeywell，我們希望建立工業建築系統知識圖譜。[3]」

該目標正在 Honeywell 互連企業（專注於工業軟體與人工智慧的部門）中實現，該部門擁有 3,600 名員工，其中 1,800 人是軟體工程師，約 150 人是數據科學家。隨著微軟、谷歌等公司提供工具，使生成式 AI 能夠處理多種資料類型，Honeywell 建立系統層級數據圖譜的願景正逐步實現。**融合系統公司面臨的主要挑戰在於，避免誤將大數據與數據網路效應混為一談**[4]。

轉型至融合系統也是數位化從「個體」層面（單一企業的獨立產品）到「總體」層面（跨多間企業、涉及不同產業的多個相關產品）的進展。精明的策略分析師很快就會察覺，競爭的焦點也正在轉變，從獨立的融合產品轉向相互依存的融合系統（請參閱圖 7-1 的縱軸）。這類系統將使價值最佳化，因為正如美國組織理論家、華頓商學院教授羅素·艾可夫（Russell Ackoff）所說：「系統不是其各部分的總和，而是相互作用的結果。」[5] 我們還需要補充的是，豐富的系統層級數據圖譜揭示了這些相互作用，並透過這些數據圖譜上釋放的強大人工智慧演算法來獲取價值。

我們以 Honeywell 為模範，來突顯任何想要推動融合系統的工業公司應考慮的關鍵要素：**設計一個能在多種客戶環境中提供即時可追蹤性能的相關產品系統，產生有價值的數據網路效應；整合多種數據**

類型——文字、數字、聲音與影像——以利於人工智慧演算法在系統層級進行分析；利用這些演算法遠端且有效率地為客戶提供客製化價值；並透過對系統更深入的見解來發展未來的價值主張，以釋放更多潛在價值。接下來我們就要看看如何實現這個目標。

▎融合系統四大關鍵步驟

我們已經確認了工業公司應該採取的四個關鍵步驟，以成為融合系統領域的先驅，這與我們在前幾章中針對其他領域所提出的方法一致。第 1 步是**建構**新的系統，並在構成該系統的不同產品之間嵌入數位吸睛點。第 2 步是從端到端**組織**公司的運作，確保與所有合作夥伴的產品和組件的流暢整合，進而形成獨特的系統。第 3 步是**加速**發展路線圖，確保系統持續更新，減少單一產品在缺乏整體系統邏輯的情況下運作所造成的低效現象。最後，第 4 步是以公平且合宜的方式讓系統**創造獲利**，為所有貢獻者創造新的價值。與前幾章所提及的模式一樣，這四個步驟將會透過回饋機制不斷循環。

步驟 1：建構

為了在產業中保持領先，每間公司都必須構想融合系統的高層架構，並確定自己想要參與的領域。工業公司內部及跨領域之間的整合與互通性趨勢已經十分明顯。隨著數位化的推進，市場競爭將從單一產品之間的競爭轉向相互依存的系統之間的競爭。因此，工業公司必

須預測並理解未來可能出現的系統類型及數量。

工業公司經常向我們提出一個合理的問題：我們是獨立製造產品，為何還需要關心融合系統？答案很簡單，但是極為重要：新興的融合系統正在改變競爭格局。現在的競爭已不再是單一產品之間的較量，不是智慧機器之間的戰爭。**客戶的決策過程正在轉變，他們的偏好也從具有獨特功能的產品，轉向能夠與其他產品協同運作並整合為高效系統的產品**。那些專注於生產優秀獨立產品的製造商，可能會在市場上處於劣勢，因為與其他產品具有良好相容性的產品對客戶來說更有吸引力。

系統的架構設計有兩種方法，公司應該兩種方法都考慮。一種是「由內而外」的方法（inside-out approach），也就是現有企業從自身出發，找到自家產品與服務將如何以及在哪些方面融入不同的融合系統。

有哪些連接關係和潛在的擴展可能性？

如何使數據流暢無阻？

在這些系統中，哪些公司可能成為最佳合作夥伴？

透過規畫產品之間的關聯性及相連的方式，哪些企業可以找到最佳的融合系統策略？

舉例來說，美國智慧窗戶製造商 View 公司製造智慧型玻璃，其玻璃的色調可透過軟體與人工智慧，根據天氣或室內溫度進行調節。這間公司應如何規畫融合系統，使其玻璃面板及所收集的資料成為價值核心？View 能否在建築設計階段就確立自己提高能源效率的關鍵

角色，而不只是在施工階段被選為供應商？它是否能利用其融合產品與雲端原生平台，打造一個提升住戶體驗、提高員工生產力並減少建築碳足跡的融合系統？（同樣的，強鹿是否可以跳脫自己機器與設備的框架，轉而開發一個涵蓋不同子系統的農業融合架構？畢竟，精準農業的未來願景，只有在所有組件能夠流暢地協作以減少效能不彰的情況時才能真正實現。）

另一種設計系統的方法是從期望的結果開始，然後倒推系統的建構方式，也就是所謂的「由外而內」、「從未來回推」（**outside-in, future-backward approach**）。企業不應從目前產品的版本出發，而應該觀察外部趨勢，並思考如何將自家產品整合至更廣泛的系統。有哪些新興的數位技術能夠讓系統更可行且更具經濟吸引力？舉例來說，Uber 和 Lyft 之所以能夠建立行動力系統（mobility systems），是因為當時的技術條件允許駕駛與乘客透過智慧型手機上的 5G 高解析度地圖進行互動。這促成了交通運輸業從零散的小型業務轉變為涵蓋全球的系統，其中的關鍵參與者正是精通行動數據圖譜並運用演算法的公司。再進一步思考，未來 10 年，無人駕駛計程車將如何重新定義個人交通與物流系統？還需要建設哪些互補元件，才能使這些系統不再像現在這樣繁瑣，而且需要將不同的部分拼湊在一起？

企業應密切關注各種實驗，以確定何時系統級別的最佳化能夠為客戶帶來獲利。Honeywell 於 2020 年進行了一項先導專案，以展示公司利用人工智慧自動化的能源最佳化系統的效能。這個系統透過收集來自不同空氣調節系統運作組件的數據，使能源成本至少降低了

10%。以這些實驗結果為基礎,並利用人工智慧模型重新設計產品,Honeywell 能夠開始探索不同的方式來架構建築融合系統。強大的人工智慧技術可以幫助企業以更精簡的方式,為特定環境設計最佳的系統架構。

步驟2:組織

為了充分發揮融合系統帶來的價值創造潛力,工業公司必須專注於統一不同部分,使數據能夠順暢地流動,並且以數據為主的深入見解來指導行動。企業領導者需要解決三個關鍵問題,這三個問題能夠實現融合系統的潛力。

問題1:公司應該利用關鍵領域交會處的新見解。現在該是時候將不同工程領域(如土木、結構、機器、電氣、管道與能源工程)之間的數據概念模型、假設、規則和術語連結起來,以確保系統能夠有效運作。領導者需要將來自各個領域的團隊結合起來,使融合系統發揮作用,並識別傳統領域如何與新的數位科技(如感應器、物聯網功能、軟體、連接性、數據、分析和人工智慧)相互關聯。這就是現有企業在跨領域的前沿產生新的深入見解的方法。

問題2:現有企業必須確保所有職能部門和業務單位都專注在融合系統。儘管系統思維直覺上非常有吸引力,但尚未真正帶來實質成果,因為組織內部建立了各自獨立的職能領域,每個領域都有其獨立的職責和績效衡量標準。但是在執行「融合系統策略」時,這種做法

遠遠不夠。當機器產品與數位科技協同運作以主動識別並解決問題時，組織必須應對流程、角色和職責變更所帶來的挑戰。

企業只有在不只是分析數據，而且能夠採取行動時，才能真正捕捉價值。 融合系統要求企業在不同職能與業務單位之間保持緊密協調，並進行權衡取捨。舉例來說，大規模投資在系統層級的數位分身技術並減少現場人員，將導致權力從銷售轉移至數據分析領域。只有部分組織才有能力應對因此產生的緊張關係。在執行融合系統策略時，統一各部門、跨職能招募人才，以及塑造不同的企業文化將變得極為重要。

問題 3：執行長必須將視野擴展至供應商與合作夥伴，不只是關注企業內部的運作。 他們不能僅以組織內部的行為來界定融合系統的範疇。融合系統強大的數據流動超出企業本身，因此需要進行的權衡取捨不只限於組織內部的各個職能部門，還涉及所有參與建立和運作此類系統的組織。

系統層級的三重數位分身涉及不同企業，但要使系統發揮作用，這些企業的優先事項與時間表必須保持一致。融合系統最弱的環節決定了這個系統有多強大，因此經營團隊通常希望對企業內部的活動擁有更大的控制權。但是在這個相互連結的世界中，企業無法控制每一個行動，必須依賴中介機構與市場來協調合作。

這種做法本身就有風險。每個組織都應該關注其系統內各組成部分交會處可能出現的單點故障。舉例來說，1986 年挑戰者號（Challenger）太空梭事故是由 O 形環無法完全密封所引發的，而

2011年英國石油公司（BP）的深水地平線（Deepwater Horizon）漏油事件，則與油井底部水泥的侵蝕有關。即使在2008年金融危機期間，金融機構（如美國國際集團〔AIG〕和雷曼兄弟）所承擔的風險，在當時看來似乎是可接受且可管理的，但最終系統性風險無法被遏制。相較於管理單一產品的風險，管理涉及外部合作夥伴的系統風險要困難得多。**融合系統領導者的新職責是迎接挑戰，在這個數據愈來愈連結的世界中，管理涉及人員、企業和機構的系統風險。**

步驟3：加速

要加速融合系統的過程，策略制定者需要理解自己公司在生態系統中的角色，隨著生態系統的形成、演變和加速發展，確定最佳定位。隨著數位與實體領域的融合催生出新的能力，商業生態系統的重要性日益增加。我們認為，商業生態系統指的是相連的組織網路，包括供應商、配送商、客戶和競爭者，這些組織透過互動與合作來定義創造與交付價值的新方式。**一個有效的商業生態系統強調共生關係，透過整合互補的資源與能力，創造單獨行動所難以實現的價值。**

在融合系統領域的領導者能夠發掘新的價值潛力，並擔任**協調者**（orchestrator）的角色。這是指策略性協調和整合各種相互依存的組件與子系統的實體，確保系統的整體運作順暢、有效率，並實現價值創造[6]。這些協調者可能是工業巨頭，如農業領域的強鹿公司和拜耳，建築領域的Honeywell和西門子，或是能源領域的西門子和施蘭卜吉。也可能是數位公司，利用新技術從過去類比時代的領導者手中

奪取價值。

想要成為協調者的公司，必須深諳塑造融合系統的各種動力，以及如何重新定義策略。工業系統中的協調者需要制定獨特的運作手冊，以管理生態系統、確立選擇關鍵合作夥伴的正式標準，以及提供適當的激勵措施。如果沒有**補充者**（complementor）的支持——幫助使獨立供應的各組件能夠流暢高效率運作的參與者——協調者可能無法說服關鍵利害關係人（包括客戶、供應商、股東和員工），讓他們相信數位工業生態系統的願景能夠充分實現。

協調者需要建立系統架構，確保軟體能夠將不同的機器設備流暢地連接為一個整體，確保數據流的順暢。在系統基建就位後，開發人員才能撰寫軟體和建立新的應用程式。這些應用程式的目標是設計能夠追蹤並收集移動數據的方法，而只有強大的雲端運算基建才能將這些數據轉化為系統數據圖譜，而且只有人工智慧才能分析這些數據圖譜，生成可靠的演算法。

舉例來說，賓士和福斯可以協調開發汽車軟體，並邀請其他製造商加入其軟體生態系統。同時，賓士和福斯也可以參與由其他公司主導的電池充電生態系統。每間汽車製造商都必須選擇是成為不同技術堆疊的協調者還是參與者。這並不限於汽車產業，而是適用於所有數位化的工業產品，包括卡車、拖拉機、火車、建築等。**更重要的是，選擇之後並不是固定不變的，因為隨著技術的進步和競爭格局的演變，融合系統的形態也會不斷發展。**

融合系統受到系統級網路效應的驅動，當相鄰領域發展成熟時，

整個系統的價值將進一步提升。這些網路效應能夠從系統內的其他元素中釋放出複合的價值。舉例來說，在網頁瀏覽器、電子郵件和其他關鍵應用出現後，網路的價值才真正被啟動。智慧型手機的普及則得益於電信業者對 4G 和 5G 網路的採用。隨著雲端運算的基礎建設變得更強大，影片串流技術變得更快、更容易部署。同樣的，隨著大型語言模型的發展和規模擴大，生成式 AI 將在未來 10 年內成為主流，各種產業將投入更多資源來相互連接不同領域的模型，以釋放出更大的價值[7]。

融合系統本質上是動態的。三重數位分身提供了新的方法，能夠將原本獨立的部分相互連結，以便更全面理解端到端系統的內部運作。隨著新技術的發展，系統必然會進一步演變。人工智慧模型能夠透過演算法分析複雜的相互依存關係，這些演算法的開發成本日益降低，使大多數公司都能負擔得起並加以利用。

隨著可持續和再生農業的發展動能增強，工業農耕機器與設備必須能夠流暢地整合到種植週期的各個階段中，這包括根據不同生態環境條件合理使用種子與肥料，以促進最佳產量和可持續性[8]。這類系統必須在全世界以不同的速度進行設計、開發和部署。本書第 5 章提到的三種產品「時鐘速度」（clock speeds）──設計、開發和部署──同樣適用於融合系統，只不過這些過程現在涉及多間公司之間的協調合作。

因此，一間公司可能成為融合農業系統設計階段的協調者，而另一間公司則負責系統的開發與部署。某些企業可能參與設計階段，同

時也計畫主導開發或部署階段。理解這些基本動態不只能改變你對整個系統角色與形態的認知，還能幫助你掌握技術如何促進不同部分的連結，以創造和截取經濟價值，並確定不同公司在其中扮演的角色。只是靜態、狹隘的理解融合系統，將無法發揮系統真正的潛力。

步驟4：變現

隨著非數位與數位科技在不同企業之間相互連結，融合系統將創造更多價值，而系統的協調者必須在參與者之間重新分配這些價值。舉例來說，自2007年iPhone推出以來，蘋果透過將硬體、軟體和服務整合到一個連貫的策略中，成功奪得了智慧型手機系統中的大量市占率。而谷歌則利用安卓系統在廣告和服務領域創造價值，使得如三星等硬體製造商能夠捕捉設備領域的價值。

那麼在工業環境中，融合系統如何增加價值？我們以「建築」為例來說明。高性能建築的設計會盡可能多利用自然光；工程設計則將電氣照明系統與空氣調節系統整合，以確保不同建築區域的照明水準符合標準；運作設計則根據進駐人數的情況來微調照明。傳統上，在非數位的世界中，每個子系統都是獨立設計，以實現其個別的目標。但是透過系統層級的設計，可以釋放過去受限於不同獨立設計之間的價值。在後疫情時代，由於辦公大樓沒有完全滿載，透過系統層級的視覺化，可以利用進駐人數的資料來調整照明和空氣調節系統，將運作成本降至最低並減少碳排放。

如上述案例所示，系統重新定義了獲利；負責架構系統的人需要

公平地將價值分配給主要利害關係人,包括股東與員工。**價值的創造發生在創新階段,而價值的捕捉則發生在實施階段。**

創新階段是指確定新融合系統的特徵、試驗新功能,以及確立關鍵參與者(通常來自不同產業)之間的互動協議的過程。在這個階段,融合系統的設計應該積極鼓勵參與系統的其他企業同步創新,以配合系統架構者的發展方向。在多個實體與不同時期之間進行系統層級的協調是一項挑戰;眾所皆知,投資於未知且未經證實的技術充滿風險。即使是在單一產品層級,協調都已經非常困難了,更何況是在系統層級。因此,**降低風險是創造價值的最關鍵驅動因素。**

只有在具有互補創新的系統內,才能創造出價值,而這種互補創新促成了整個系統範圍內的網路效應(正如我們之前提到的)。每一代智慧型手機都需要由易利信(Ericsson)、諾基亞(Nokia)和華為這類設備製造商設計的電信網路,並由 AT&T、Verizon、Reliance 和 Vodafone 這類電信服務供應商來運作。同樣的,融合系統的每個部分都需要來自其他公司的訊號,說明他們願意從單純銷售產品轉向提供融合系統。市場領導者必須進行評估,以計算風險與報酬之間的權衡,並透過與其他公司合作來降低風險,例如 Honeywell 最近與微軟和思愛普(SAP)的合作[9]。

企業必須透過專利來保護創新成果。當系統達到穩定狀態時,並不是所有參與者都能成功,但他們還是可以透過專利授權來取得一定的報酬,以補償其先前的投資。另一方面,一些創新者可能會選擇開放其專利,例如特斯拉,以藉此推動融合系統的發展,並降低其他參

與者的風險[10]。高通（Qualcomm）和易利信長期依賴專利授權合約來獲得其智慧財產權的價值，而其他公司可能也會採取類似做法，以確保獲得其專利應得的部分。但是當涉及生成式 AI 的智慧財產權時，我們顯然正進入一片未知的領域[11]。

雖然技術進步將提供新的構想，使工業公司能夠創造價值，但這些構想只有在大規模實踐時才能真正實現。這就是實施階段，當所有參與者按比例分享獲利。到了這個階段，角色與職責變得更加明確，不確定因素也得到解決。現有企業可以透過繪製獲利池（profit pools，意即獲利的總額）以了解融合系統貢獻者所創造的價值來源。隨著商業實踐與數位科技的成熟，創新將改變獲利池的結構，並且推動這個循環不斷延續。

融合系統的贏家可以透過系統整合費用以及每年收取額外的機器連接費，來將他們創造的價值轉化為獲利。此外，他們還可以提供「軟體即服務」（software as a service，SaaS），並透過一次性授權費、每月訂戶制，或按使用量計費模式，將融合系統軟體銷售給產業中的客戶和非客戶，進而創造額外的收入。

▎準備迎接智慧系統的對決

融合產品與服務已經存在於各個產業中，但融合系統正處於萌芽階段。關於系統的角色與優勢已逐漸清晰，但是其形態與結構仍在發展中。毫無疑問，經過一段時間下來，**競爭將轉向融合系統層級**。目

前有三個因素正在帶動這樣的轉變。

1. 資料想要連結

一直以來都有公司在進行穩定、系統化且不引人注目的嘗試，致力於跨領域相連與整合數據。例如：谷歌已經啟動一項計畫，致力於建構系統層級的知識圖譜，將約 100 種新的資料來源相互連結，涵蓋氣候、健康、食品、農作物、排放等領域。該圖包含 30 億條時間序列資料，涵蓋 10 萬個變數，並涉及約 290 萬個地理編碼位置[12]。此外，也有許多正在推動更多數據共享的努力，以便不同實體能夠利用數據網路效應[13]。我們預計未來將出現更多這樣的計畫，以彙整並串聯數據，以促進系統層級的研究與應用。

就像消費者資料已被編碼並互聯一樣，工業公司的數據也會被數位化，以建構豐富的工業設備數據圖譜，涵蓋從建築、農場、供應鏈到城市等各個領域。目前，大多數工業公司的產品是以特別目的方式整合，以達到最高效率。而系統數據圖譜將進一步釋放潛在的效率優勢，特別是在產品之間的互動領域。想像一下，在融合系統中，當其他部分發出警示訊號時，能夠提前預警石油鑽井平台的故障；這麼做的結果就是危機發生的次數減少了。

2. 數位分身將無所不在

另一個推動融合系統發展的原因，是以人工智慧科技為基礎的系統層級三重數位分身，結合了將現實情況視覺化、以物理學為基礎的

模型建構，以及數據驅動的分析。我們現在有可能開發單一「真實資料來源」（source of truth），這不只能夠準確數位化實體世界，還能夠遵循物理法則。**當三重數位分身的三個層級能達到精準同步，並能夠即時獲取數據時，生成式 AI 將成為強大的工具，發展出深入的見解。** 數位分身在過去之所以無法實現，是因為前沿設備的硬體性能不夠強大，雲端運算能力也不足。雖然人們早已知道他們需要將產品級別的數位分身相互連結成為系統，但除了一些大型計畫（如美國太空計畫）之外，這在財務上幾乎辦不到。因此，大多數企業選擇在個別產品和服務的層級進行最佳化。然而，隨著未來 10 年內預計對物聯網（IoT）和生成式 AI 進行大量投資，數位分身將變得無所不在。這將促使數位分身在供應鏈內垂直相連，以及在諸如採礦與精煉等產業應用中水平相連。

當數位分身變得更加廣泛且多模態時，將能夠整合來自不同感應器的資料，連結實體與數位世界，以產生過去無法實現的成果。許多問題的根源總是出現在產品與科學領域的交界處，因此解決這些問題的機制需要跨領域的協調與整合。**系統級數位分身是一種強大的工具，能夠整合孤立的資料集、將數據間的關聯性視覺化，以及探索許多代不同版本的未來情境模擬。** 許多工業公司已承諾投入此類創新，例如艾波比、英國工程顧問公司奧雅納（Arup）、日立、Honeywell、IBM、輝達、美國軟體公司 PTC、施蘭卜吉和西門子都在努力開發多領域的數位分身，以幫助客戶利用這個重要的技術功能。

3.元宇宙可能成為黑馬

融合系統的潛力還可能因為工業元宇宙（industrial metaverse）而進一步提升，該技術能夠增強模擬、實驗以及人工智慧驅動分析所引導的即時干預。新的競爭前沿將出現在系統層級的工業場景中。工業元宇宙、數位分身的設計與部署，以及生成式 AI 演算法的結合，將產生更豐富的數據圖譜，幫助企業了解系統在不同條件與情境下的運作方式。

在音樂、電影與購物等領域，數據圖譜早已被應用，且無需元宇宙的強大運算能力即可發揮作用。而工業場景非常適合應用元宇宙。舉例來說，要對飛機機翼的流體力學進行模擬，可能需要多達 150TB 的資料來模擬現實世界中 1 秒的情境。借助亞馬遜和輝達等公司的技術，這些模擬可以在工業元宇宙中有效率地完成。

工業元宇宙建立在電腦輔助設計（computer-aided design，CAD）與電腦輔助製造（computer-aided manufacturing，CAM）等基礎工具與模型之上，這些工具能夠在數位領域構思與創造事物，然後再轉化為實體產品。**本質上，元宇宙與這些工具的概念相同——它是實體世界的數位展現。**

工業元宇宙不只是 CAD／CAM 系統內的個別物件，企業還可以藉此建構完整的數位宇宙，包括延伸的供應鏈、全球各地的設備部署，以及與生態系統中其他互補設備的相互連結。**數位技術的應用範圍不再侷限於從設計到製造的階段，而是進一步延伸到工廠之外，實現操作現場即時效能提升。**即使在近期，許多工業公司仍對設計與建

造這類創新技術所需的投資望之卻步,但現在已不再如此,因為隨著數位科技的性價比提升,這些應用已經變得可行。

工業元宇宙一旦成形,將使企業能夠收集產品與人類、設備和系統的互動資料,進而發現極其複雜且動態的行為模式。以前大多數工業企業的知識範圍只限於其自行設計與製造的產品,由於元宇宙的出現,未來將不再有這些限制。

＊　＊　＊

現有企業面臨的挑戰,是確保他們的機器能夠順利整合到客戶的供應鏈和製造流程中,隨著這些環節日益相連互通,這項任務變得更加重要。但是要做到這一點並不容易。首先,系統的框架設定極為重要,因為它將界定系統必須運作的邊界。但是過於僵化的定義會限制現有企業的發展,尤其是在系統需求通常位於不同產業交會處的情況下更是如此。

此外,每個系統都將受到來自不同產業中眾多參與者行動的影響。因此,企業執行長應該超越對現有競爭對手的考量,擴展視野。此外,企業必須在制定策略時,考慮到整個系統層級的網路效應,這表示他們需要預測技術發展的可能軌跡,並決定何時應該從技術日益商品化的市場領域,轉向利用新興技術的市場領域。

大多數工業公司一直依靠高度專注的策略來成為產業的領導者。目前企業對模擬技術較為熟悉,因此在設計融合系統以數位化協調各

種不同類型機器時可能會遇到困難。企業必須產生系統層級的數據網路效應，以便從融合系統中創造價值。因此，他們需要採取共同開發策略，以做出正確的技術選擇、選擇適合的合作夥伴，並運用適當的協作模式。

在非數位工業世界中的生態系統策略，主要依賴於結構（治理規則、參與者的角色與職責）與流程（系統的設計、運作和適應方式）。**在融合系統中則新增了一個層面，那就是關注生態系統內參與者之間的數據流動，以及他們如何與其他生態系統相互連接**。關鍵不僅在於哪些公司彼此相連，而是數據流如何從一間企業傳遞到其他企業，以便使整個系統最佳化。這對於融合系統的領導者來說是一項重要的領導力挑戰，他們必須迎接這個挑戰。

我們已經概述了三種不同的融合策略，起始於工業公司建立「融合產品」，然後延伸至「融合服務」與「融合系統」。對於工業公司而言，這些策略是「從內部向外部」拓展的合乎邏輯的演進路徑。在許多情況下，這三種策略可能正好能夠滿足客戶的需求。

但是在某些情況下，工業公司可能需要站在客戶的立場上，深入理解他們真正尋求的解決方案形式。這就是我們接下來將要討論的最終融合策略。

第 8 章

戰場四：融合解決方案
全面解決客戶的整體問題

「融合產品」透過提升機器運作時間來創造價值，而「融合服務」則是透過將服務結合機器，以提高客戶的生產力。至於「融合系統」則是確保客戶所有設備的運作時間，而不只限於其機器。

然而，**「融合解決方案」的設計目標是全面解決每位企業客戶的獨特問題**。與其他三種策略不同，融合解決方案並非從製造商的機器開始，而是先定義客戶的問題，然後再解決這些問題。**這四種策略皆可創造額外的價值池，其中「融合解決方案」創造的價值最大。**我們的框架是動態的，所有工業公司都必須從「融合產品」開始，但一段時間過後，應逐步轉向並推動四種融合策略的實施。

即使已經融入人工智慧技術，產品、服務與系統仍然無法完整解決客戶的問題。我們可以簡單回顧前幾章中討論過的三個案例——運輸、農業與建築，這三個案例分別對應這三種策略。

「融合產品」只是解決方案的一部分

汽車是交通運輸的一個關鍵要素,但要解決不同時間、不同地點、不同個體的行動需求,還需要整合其他多個要素。

如果詢問特斯拉這間典型的融合產品公司,關於其交通運輸解決方案的內容,公司會說其解決方案包括透過完全自動駕駛共乘網路(無需人類駕駛)來安全經營其汽車,並在適當情況下引導客戶選擇公共交通選項。此外,特斯拉的宏大願景還包括建立一個快速電池充電的全球網路,以及提供固定價格的家庭充電訂戶服務(目前在德州進行試驗),使能源消耗達到最佳化。對特斯拉而言,交通運輸解決方案的範圍不限於汽車,還延伸至能源與永續發展領域。

「融合服務」也只是解決方案的一部分

辨識客戶的問題,有助於理解工業公司透過其機器提供的服務,與客戶真正需要的解決方案之間的差異。這兩者都涉及嵌入客戶的運作中,但範圍有所不同。在服務層面,其範圍僅限於機器在提升客戶績效方面所扮演的角色;而在解決方案層面,問題的定義範圍則從客戶的角度來看得更廣泛。服務的視角仍然侷限於工業公司所提供的機器設備,以強鹿公司的精準噴灑和 ExactShot 來說就是如此。農業設備(包括折舊與維修)只占農民總投入成本的不到 10%。[1] **如果強鹿公司想要進一步邁向融合解決方案的領域,並成為精準農業的領導者,那麼公司必須幫助農民提升 90% 其他投入成本的生產力,例如勞動力、飼料、燃料與牲畜等。**

企業不一定需要像工業時代，透過垂直整合來收購實體資產才能提供這類解決方案。現在機器製造商必須採取「生態系統導向」的方法，定義軟體架構，並與種子、肥料、化學產品、氣象與農業保險公司連結。**從「融合服務」轉向「融合解決方案」，將改變競爭格局**。開發解決方案勢必會迫使強鹿公司與來自不同產業的競爭對手交鋒，包括設備製造商（如凱斯紐荷蘭工業和愛科〔AGCO〕）、零件製造商（如天寶導航和雷文工業）、肥料與種子公司（如拜耳、杜邦、陶氏、巴斯夫與先正達）、軟體公司（如氣候公司），以及數位科技巨頭（如IBM和字母公司）。

「融合系統」也只是解決方案的一部分

商業大樓非常複雜，包含自動化系統、軟體與控制系統、建造與維護服務、冷暖氣系統、安全系統以及消防服務。這些系統由許多參與者設計、生產、交付、組裝與維護，但實際使用時卻缺乏一個能將它們互相連結的統一架構。不同的子系統會與建築物內的人互動，例如冷暖氣系統會使人們的舒適度達到最高，感應器會追蹤空間是否有人正在使用等等。

Honeywell和西門子不應只是將他們的機器與系統置於核心，而應該理解建築物的實際使用方式，進而提供一套全面性的解決方案，確保住戶在各方面都感到舒適。這樣的思維不限於提供冷暖氣的系統，還會涵蓋人流、安全性、電梯與手扶梯的運作情形，以及天氣等因素。這種更全面的方式以前太過複雜、也太昂貴，但是現在三重數

位分身系統讓這個全面性的方法變得更可行。

解決方案的典範轉移

在第 4 章所揭示的策略網格中，工業公司從「融合產品」開始，並沿著兩條軸線符合邏輯地推進。在橫軸上前進，企業將更深入地整合至客戶的營運中，從提供「融合產品」轉向提供「融合服務」（第 6 章）。在縱軸上前進，企業可透過連接更多的產品和周邊設備來建構「融合系統」（第 7 章）。**每一間工業公司都應該依序或同步探索這兩種邏輯的策略延伸。最終，企業應考慮是否要發展「融合解決方案」策略**，並且進入圖 8-1 的右上象限。

特斯拉或 Uber 能夠提供最有效率的交通運輸解決方案，前提是他們能夠深入理解每個人的行動需求，並整合一系列可負擔且即時滿足需求的交通模式。因此，一間解決方案公司必須是主動而非被動的、需要擁有權限來存取並使用相關的專屬數據，以預測何時需要解決哪些問題，並組合必須的要素來提供解決方案。傳統的計程車或豪華轎車公司可以輕易被取代，但是像特斯拉或 Uber 這樣有意成為解決方案提供者的企業，若能更深入整合到客戶的營運中，並獲得優先的數據存取權，就不太容易被取代。這兩間公司不斷豐富其數據圖譜，而傳統的計程車或豪華轎車公司則將交易數據片段分別存放於各自的資料庫中，沒有加以整合。

強鹿公司可以微調、適應並個人化其拖拉機的運作，以最大化提

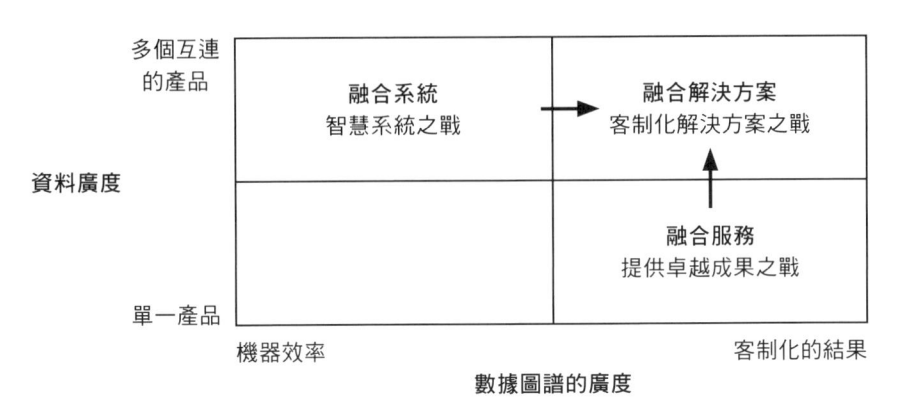

圖8-1　融合解決方案的客制化解決方案之戰

```
多個互連
的產品    │   融合系統         │   融合解決方案
          │   智慧系統之戰     →   客制化解決方案之戰
          │                    │          ↑
資料廣度  │                    │
          │                    │   融合服務
          │                    │   提供卓越成果之戰
單一產品  │                    │
          └────────────────────┴────────────────────
            機器效率              客制化的結果
                    數據圖譜的廣度
```

升個別農場的效率。然而，其數據圖譜的豐富程度仍受限於其機器、設備和周邊產品所能提供的資訊。如果強鹿公司能夠擴展其合作夥伴網路，與其他互補機器與設備製造商，以及種子和肥料公司建立合作關係，那麼它的數據圖譜將變得更加豐富，使其能夠成為客戶值得信賴的解決方案提供者。農民所面臨的業務問題各不相同，解決這些問題需要整合不止一間工業公司的機器設備。一段時間過後，未來可能是解決方案公司的強鹿，將能夠更深入理解問題的定義方式與解決方式。其知識圖將更加豐富，並提供比農民自行解決問題更具針對性（及可行性）的解決方案。

　　Honeywell 從系統拓展至解決方案的過程，將需要一個強大且充滿活力的合作夥伴網路，以徹底理解整個建築生命週期。只靠一間企業幾乎不可能設計出一個完整的融合解決方案策略。合作夥伴能夠幫

助解決方案公司整合一系列符合客戶特定需求的產品與系統。在某些情況下，解決方案公司可能需要優先選擇使用合作夥伴的產品，而非自家產品，以便更有效滿足客戶需求。因此，在發展與交付融合解決方案的過程中，生態系統的協調管理是非常重要的。

生成式 AI 可以在哪些方面協助建構最佳解決方案？它可以協助建構不同的問題定義框架，並根據在不同環境所學到的知識，生成多種解決問題的方案。生成式 AI 能夠識別人類可能忽略的問題，並提出解決方案選項。但是在每個環節，人類都必須解釋生成式 AI 的輸出，適當地調整其內容，並做出最終決策。

當以下一個或多個條件成立時，任何工業公司都應考慮進入「解決方案」領域（圖 8-1 的右上象限）：

- 工業公司已經開始將其產品數位化，並擁有明確的技術堆疊——包括可程式化硬體、軟體、應用程式，以及能夠傳輸即時數據以進行分析的連接能力。這確保了融合產品很可能成為解決方案的一部分。
- 公司已經將工業產品擴展至客戶營運，並在主動提供由數據驅動的服務方面擁有豐富的經驗。這些經驗可以進一步發展，成為解決方案的一部分。
- 公司在產品整合至系統的領域展現出專業能力，並且能夠實現端對端的數據追蹤與分析。這種系統的經驗可以進一步擴展為潛在的解決方案。

・公司已成功建立並部署三重數位分身，能夠在現場收集數據並回應至營運端，並進一步延伸至整個供應鏈。這項技術可以進一步發展，以便更細緻地追蹤解決方案的執行狀況。
・公司已經成功吸引數據科學家，這些人才擁有工業演算法的專業知識，能夠快速啟動融合解決方案的架構設計。
・公司擁有跨產業專業知識，能夠整合多種工業機器，並在不同地點運作，以建立領先的使用中產品數據圖譜。
・公司已經嘗試使用領域特定的人工智慧基礎模型，將其工業知識庫進行編碼與開發，並作為應用演算法的輸入來源。

一間考慮發展融合解決方案的工業公司，應該執行以下幾項任務：深入整合至客戶的日常營運，以產生數據網路效應並建構解決方案數據圖譜；利用這些數據圖譜，透過演算法進行四部分分析（four-part analyses）；利用這些演算法，向客戶提供個別的建議；並不斷重新定義需要在不同環境中透過學習才能解決的核心問題。接下來我們就要探討如何將這些策略付諸實踐。

▌融合解決方案四大關鍵步驟

工業公司應制定一個合乎邏輯的計畫，以評估並執行「融合解決方案」，並依循四個連續步驟，這與前幾章所提到的方法類似。第一步是**建構**最佳方法來解決關鍵業務問題。第二步是**組織**跨企業的流

程，以有效地提供解決方案。第三步是在不同的業務問題上**加速擴展**並快速交付解決方案。最後一步是建立**變現**的方法，透過創造、捕捉並分配價值，來回饋那些在解決問題與提供解決方案方面貢獻獨特技能與專業知識的企業。而這個循環會隨著回饋機制而不斷重複進行。

步驟1：建構

你正在嘗試解決哪些問題？為確保企業所解決的是相關問題，在著手解決之前應提出三個關鍵問題。企業應該先確定有多少客戶受到該問題影響，影響範圍愈大，該問題就愈值得解決。答案應該是肯定的。其次，企業應評估是否需要數據圖譜和人工智慧來解決問題，因為若解決方案不需要這些技術，可能就無法創造額外的價值。

界定並識別問題對於設計解決方案極為重要，否則企業可能會浪費資源、錯失機會，以及投入無關緊要的計畫。舉例來說，汽車公司若將交通運輸問題視為必須停止使用化石燃料，那麼他們就會專注於開發電動與氫能融合車輛。而認為核心問題在於車輛可靠性低與售後維護繁瑣的公司，則可能專注於設計融合產品，開發軟體更新，並透過空中下載技術來提升效率。而認為主要問題在於擁有汽車的成本高以及私人車輛的使用率低的公司，則會致力於提供共乘服務，並撰寫能在需求點將乘客與司機配對的演算法。**但是，只有充分理解客戶問題的全貌，才能推動真正的融合解決方案。**

當企業不只是將其現有能力與資源最佳化，融合解決方案才真正可行。而其中一個辦法是採取「未來回推」（future-back）的方法時，

企業可以使用**回溯分析法（backcasting）**，也就是先構想理想的未來條件，然後再制定行動計畫以達成這些條件，而不只是順應現狀的發展來採取措施。回溯分析與願景構想（envisioning）類似，但目的不是要預測未來，而是想像多種可能的未來，理解它們的影響，確定較理想的發展方向，並找出實現這些未來所需的步驟。

舉例來說，如果某間公司想要解決與城市交通運輸相關的各種問題——例如人們在交通上面臨的挑戰、城市的交通擁塞、環境污染問題等——那麼這將是一個複雜且多個層次的問題，只有融合技術才能真正解決。這間公司需要從理想的未來狀態開始回推，一種更高層次的問題框架將迫使現有企業跳出過去的思維，邁向未來。

一間有志成為交通解決方案領導者的企業必須思考：我們應該允許單一乘客駕駛為四個人設計的車輛嗎？物流公司是否應該依賴專為載客設計的車輛？如果部署專門設計的車輛，經濟與環境的影響會是什麼？我們應該使用人類駕駛還是自動駕駛車輛？為了加速自動駕駛車輛的部署，道路需要進行哪些變革？大眾運輸系統將如何適應？燃料、維修、保養與停車又該如何規畫？

這些問題並非過於牽強，許多工業公司正以目標為主的方式重新構想自身的未來。農業產業正在探索如何可持續地為全球提供糧食；建築與營造業正在設計能夠容納更多人口且更舒適、可持續且具成本效益的建築物；醫療保健業則希望治癒每個階段的疾病。在下一個10年到來之前，「融合解決方案」將在許多工業領域中崛起，而先行者將會開發端到端的融合解決方案。

許多現有企業將透過融合數位思維與科學領域的交叉領域來解決問題。舉例來說，生物學是研究生命體及其活動的科學，改變基因編碼即可改變生物系統，而這只有數位科技的發展才得以實現。事實上，生物學正在透過基因定序、基因編輯（如CRISPR／Cas9）與合成生物學等技術進行重構。科學家如今能夠讀取、編輯與撰寫新的DNA，而數位科技則將其轉化為數據。這就是為何從健康、美容與醫療設備，到電子、製藥與食品化學，甚至到採礦、電力與建築等各種行業的企業，都在研究自身在合成生物學領域中的角色。

從客戶的角度來設計解決方案將有所幫助——為何客戶需要工業公司來提供答案？個別客製化解決方案的成本高昂，大多數工業買方對這樣的方法不會感興趣。相反的，客戶將選擇擅長從所有可用產品、服務與系統中，根據對數據網路效應與獨特演算法的掌握，組裝最佳解決方案的供應商。

步驟2：組織

解決方案的交付並不是只依賴標準化的產品、服務或系統，而是取決於這些產品、服務和系統與互補產品、服務和系統的相互連結。這表示組織邏輯對於提供解決方案極為重要。精準農業、智慧建築、個人化醫療、可持續交通和智慧家庭的發展，並不只是依靠個別公司開發新產品來實現。相反的，這些領域的突破將來自於將這些產品與其他互補部分整合，以形成有效的解決方案。

提供「融合解決方案」的公司必須同時擔任「供應商」和「顧問」

的角色。舉例來說，Honeywell 在設計建築時，會使用現有的模組和子系統，並增加必要的功能，以便滿足客戶需求。公司必須擅長與各類合作夥伴協作，確保所提供的解決方案能夠針對當前問題進行客製化調整。

工業公司將透過人力與技術的結合來開發客製化解決方案。融合解決方案公司必須培養數位技能，以便將自身掌控的產品、服務和系統與合作夥伴的產品、服務和系統整合。數位企業（新創公司）可以在不依賴或調整現有零件的情況下，直接開發解決方案。工業公司則需要校準其性能差距，評估自身解決方案的表現，與那些不受其既有限制、能夠更自由地開發最佳解決方案的競爭對手進行比較。

企業現在主要仍須依賴現場的專家，個別開發解決方案。**而未來解決方案將建立在整合數據流，以及來自不同環境的數據網路效應的基礎上。**開發能夠貫穿客戶生命週期的數位科技，對於提升工業公司與客戶之間的關係價值都極為重要。

步驟3：加速

為了加速融合解決方案的發展，提供者必須開發強大的數位工具，以便能夠大規模高效地提供客製化解決方案。必須時刻關注那些可以結合以創造個性化解決方案、並能夠適應不斷變化問題的先進技術。尋找那些正在成熟並趨於融合的技術，以實現不同部分最有效的整合。這種方法可確保過去的問題解決方式不會限制未來解決方案的發展。

執行長必須決定哪些新能力應該在企業內部開發，以及哪些能力需要與數位新創公司或科技巨頭合作開發。這個過程將促使企業重新調整對人力、流程和政策的投資優先順序。**一個領域的創新將激發其他領域創造性的解決方案**。舉例來說，特斯拉在自動駕駛技術中使用的視覺運算技術，啟發了亞馬遜開發無人收銀商店[2]。

　　要使用融合技術來解決問題，需要靈活性和適應性。領導者必須欣然接受數位科技、深入了解其潛力，並培養企業內部的好奇文化，確保數位創新不會受到應用範圍的限制。他們必須允許進行試驗，以便確定技術何時準備就緒，以及需要哪些互補創新來應用這些技術。**「融合解決方案」公司的核心能力，不在於制定規則並創造能夠長期運作的解決方案，而在於從不同領域獲得靈感，以持續開發更有效的問題解決方案。**

　　大多數重大問題都不是靜態的，因此融合策略也不是。透過即時數據了解解決方案在不同環境中的運作方式，融合解決方案提供者可以不斷調整並改善解決方案，使其變得更有效率。舉例來說，城市交通擁塞並不是什麼新的問題，但是現在我們能夠以經濟實惠、環保低碳的方式來運輸人員和貨物的選擇比以往更多，甚至未來可能出現更好的解決方案。

　　融合解決方案本質上是動態的，因為能夠即時存取有關不同解決方案在各種環境中運作方式的數據。長時間下來，透過累積數據網路效應，融合解決方案公司可以不斷重塑問題的框架，調整並改善對最佳解決方案的理解。企業必須贏得深度嵌入客戶營運的權利，才能真

正發揮其價值並提高解決方案的成功機率。

步驟4：變現

由於在融合解決方案策略中，客戶與合作夥伴在共同創造價值的過程中扮演著最重要的角色，因此工業公司必須與客戶和合作夥伴共享這些價值。

客戶通常願意為解決方案支付比單純產品更高的價格。工業公司可以透過以結果為主的合約和利潤分享協議，以透過融合解決方案創造獲利。一些工業公司已開始嘗試自我監測服務，因此能夠自動補充；也開始採用訂戶制，根據時間週期向客戶收取固定費用；或是提供「解決方案」（as-a-solution）模式，為客戶提供量身定制的解決方案。舉例來說，法國的阿爾斯通輸運服務商（Alstom）透過其「列車生命週期服務」（Train Life Services）業務，確保其生產的列車能夠全天候滿足客戶需求，並在故障發生（尤其是在高峰時段）時罰款。德國的凱撒壓縮機製造商（Kaeser Kompressoren）不再銷售壓縮空氣罐，而是將空氣壓縮當成一種服務來銷售，利用數位科技遠端監測機器的使用情況。荷蘭的飛利浦（Philips）則不再向客戶（如阿姆斯特丹史基浦機場〔Schiphol〕）銷售LED燈泡，而是銷售整體照明解決方案。

我們來想一想，**如何善用融合解決方案創造最多價值**。當一間解決方案公司運用其跨產業專業知識和數據圖譜來研究不同的部分如何組合以實現最大價值時，它可以完全理解並在必要時重新定義問題。這樣一來，公司能夠處理更豐富的動態數據，這些數據持續投入其數

據圖譜中，涵蓋的範圍更廣、規模更大，並涉及更多元的場景。這些細節為開發競爭對手無法提供的解決方案奠定了基礎。而隨著工業公司與更多的夥伴合作，它也能夠不斷改進其融合解決方案，釋放更多價值。

價值的創造來自於持續聚集專業知識。解決方案公司只能透過客戶現場機器所產生的數據圖譜來深入了解每個客戶的特定需求。公司與其他企業建立合作夥伴關係以直接或間接利用這些專業知識，並且擴展其業務範圍，從系統整合商或服務提供商發展成更全面的解決方案供應商。公司必須利用對系統設計與運作方式的理解，並且結合嵌入客戶業務營運中的合作夥伴所提供的數據，以累積自身知識。

融合解決方案供應商必須被視為創新者，擁有科學領域與數位科技交會點上的核心能力。唯有成為創新者，才能吸引有潛力的合作夥伴；如果一間工業公司被視為落後者，就無法獲得創新者的支持。解決方案公司的信譽將透過成功合作的夥伴來衡量。不過，最優秀的企業在追求產品、服務與系統策略時，不會願意與二流的解決方案公司合作。

此外，被視為值得信賴的盟友極為重要，這表示解決方案公司必須了解合作夥伴所扮演的角色。合作夥伴經常擔心自己的專業知識會被逆向工程（reverse engineering）而竊用，得不到任何認可或報酬。因此，**展示對合作夥伴貢獻的堅定尊重，並確保每個夥伴都能獲得公平的報酬，是解決方案公司成功的關鍵**。由於每個合作夥伴在不同客戶的案例中可能扮演不同的角色，解決方案公司必須明確傳達價值分

配的邏輯。信任也發揮著關鍵的角色，因為融合解決方案公司位於數據流的中心，而這些數據來自於可能互為競爭對手的合作夥伴，而且存在於高度相連的生態系統中。

解決方案供應商必須在解決衝突和制定生態系統規則時保持公正。以前供應商可能只要專注於數據管理，但是在提供解決方案時，這種管理範圍必須擴展至客戶與合作夥伴。提升隱私與安全的重要性，使其成為價值創造與價值捕捉的驅動因素極為重要。當融合解決方案依賴多間公司的協調行動時，最薄弱的環節將會影響整體績效。如果這種情況發生，**融合解決方案公司必須被視為誠實的仲介者和公平的裁決者**，以確保價值能夠被提升，而非被破壞。

為客製化解決方案的衝突做準備

在四種融合策略中，融合解決方案可能對於沒有機器設計與製造背景的新進企業更具吸引力。這些企業可以帶來嶄新的視角來定義問題，並利用數位科技（包括人工智慧和機器學習的最新發展）來開發解決問題的替代方法，然後依靠產品與系統來整合所需的資源。這些公司具有不受既有企業影響的優勢，因為它們不隸屬於任何可能影響其建議的企業實體。所以他們能夠自由地提供最有效的解決方案來應對客戶的問題。

企業顧問公司可能會對融合解決方案產生興趣。這類公司擅長從過去的經驗中收集最佳實務做法，並為客戶制定量身打造的策略方向

與建議。但是傳統上,這些公司依賴的是聰明的人才,而不是工業公司提供的即時、使用中產品的數據與數據網路效應。不過,他們可以選擇合作來提供解決方案,例如埃森哲顧問公司(Accenture)最近推出的 Industry X 計畫。該公司的宣言極具野心:

「我們運用數據與數位科技的綜合力量,重新構想您的產品及生產方式。透過數位智慧連結整個生產流程,我們將與您攜手合作,運用數據與技術(如 AR／VR、雲端、人工智慧、5G、機器人技術及數位分身)來提升您的核心運營的韌性、生產力和可持續性,並創造全新、超個人化的體驗及智慧產品與服務。」[3]

雖然目前尚未看到該構想成功執行的具體證據,但我們應該注意到,**融合解決方案的競爭戰場將在傳統產業領導者與具備數位能力的新進企業之間展開。**

你的公司應該進軍這個戰場嗎?有三個關鍵因素將決定競爭的激烈程度,並影響企業是否應轉至融合解決方案。

解決方案缺口擴大

每個產業部門都有解決方案缺口:客戶需求與現有最佳方案之間的差距。**大多數產業已經達到了一個臨界點——現有的產品、服務和系統已無法進一步提升商業價值。**如果不採用能夠反映融合核心理念的新方法,這個缺口就會持續擴大。舉例來說,城市交通擁塞問題無

法只透過增加道路上的汽車來解決，而個人化交通方案的交付也不能只依賴於傳統運輸方式。全球超過 80 億人口的糧食供應問題，無法依靠傳統農業與耕作方法來支撐。醫療成本的降低一定得融合數位功能。打造健康且可持續的都市生活，也必須在重新思考建築結構設計理念與方法的情況之下實現。如果現有的市場參與者無法滿足客戶的需求，那麼更大的解決方案缺口將會吸引擁有必要能力的新競爭者進場。

跨產業解決方案的可移植性，以谷歌為例

融合解決方案可以透過探索來自相關產業的解決方案，進而帶來可觀的財務收益。舉例來說，城市交通領域的成功實踐做法如何應用在農業？Waymo 或 Cruise 這類公司的自駕車技術如何運用到採礦業？

谷歌的 Mineral 專案團隊一直致力於開發新的軟硬體工具，以整合來自不同來源的資訊，這些資訊過去因為過於複雜或難以處理，而無法轉化為有價值且可執行的數據[4]。一開始，該團隊收集了已經可用的田間環境資料，包括土壤、天氣以及農作物歷史數據。他們還使用一款原型植物探測車來收集新的數據，以了解該地區的植物如何生長及適應環境。這款探測車在田間移動，近距離檢查農作物。資料則用於訓練機器學習演算法，並透過探測車對加州的草莓田和伊利諾州的大豆田進行探索，收集高品質的植物、漿果和豆類圖像。

該團隊在 2 年內分析了從播種到收穫的多種作物，例如瓜類、漿果、生菜、油籽、燕麥和大麥。透過將探測車收集的圖像與衛星影

像、天氣資料和土壤資訊等其他資料集結合，團隊得以全面了解田間的情況，並運用機器學習來識別模式和獲取寶貴的深入見解，以分析植物的生長方式及其與環境的互動。表面上看來，Mineral 似乎正在發展與強鹿公司透過收購藍河科技獲得的技術相似的能力。然而，Mineral 的不同之處在於它可以接觸到比強鹿更廣泛的人工智慧、電腦視覺和機器學習創新。因此，**谷歌能夠運用數位方法來解決跨產業的問題**。

不同生態系統的拉力

解決方案生態系統將出現在兩個極端。一種是由數位科技主導的；擁有數位能力的企業（如埃森哲顧問或 Mineral）將尋求與傳統工業公司合作，以獲取互補領域的專業知識。另一種則是由專業知識主導的；擁有專業知識的工業領導者（如農業領域的強鹿公司、建築與航空航太領域的 Honeywell、採礦領域的開拓重工等）將尋求與數位公司（如輝達、台積電、微軟或亞馬遜網路服務）合作，以獲取互補的專業技術來解決問題。**觀察這些生態系統如何在不同產業中逐步成形並獲得動能非常重要，因為這些是價值轉移的早期訊號**。

＊　＊　＊

我們已經概述了四個關鍵戰場，隨著全球經濟日益數位化，工業公司將在這些戰場上競爭。如果沿襲非數位時代的舊有路徑就會面臨

競爭挑戰，而挑戰則來自於了解到必須採用融合產品才能在「智慧機器之戰」中勝出的競爭對手，例如汽車業的特斯拉。因此，工業公司必須欣然接受數位工程來重新定義機器架構，否則將面臨落後的風險。公司必須認識到，**固守現狀將使他們暴露於具備新能力的新競爭者的挑戰之下**。表 8-1 提供了四種融合策略在四個執行步驟上的摘要比較。

然而，隨著融合前沿打開新的可能性，融合產品僅捕捉了未開發價值的一小部分。在這個階段，工業領導者有兩個選擇：1. 深入客戶的經營，以贏得卓越成果之戰，成為推動客戶獲利成長的核心動力；或是 2. 探索進入系統的替代路徑。

贏得融合系統之戰最有效的方法，就是將數據圖譜與三重數位分身的動態互動，深入嵌入在客戶的經營中。如果無法做到這一點，將會讓第三方服務供應商趁機介入並奪取機會。

對於每一間工業公司來說，評估如何與不同系統相連接，或主導架構與管理系統運作期間的數據流，都是極為重要的。隨著公司開發全方位、端對端產品與系統視角，像 Honeywell 這樣的公司將會發現，自己日益深陷於多個重疊的系統中。隨著產業數位化並與鄰近領域相連，這場競爭將在各個行業中展開。

最終的競爭核心在於透過整合產品與系統來提供客製化解決方案，滿足特定客戶需求，而這個過程依賴於長期累積的洞察力。對其機器與系統具有深入了解的工業公司，將與充當客戶代理的企業展開競爭。想要在這場戰爭中獲勝，企業需要深厚的見解以及精通人工智

表 8-1　執行四種融合策略的四步驟

執行步驟	融合產品	融合服務	融合系統	融合解決方案
建構產品	設計數位化工業產品，以數據圖譜和演算法為指引，與非數位機器競爭。	設計連結，將產品整合進客戶的營運中，以提升客戶成果。	設計系統，使不同製造商生產的機器能夠順暢運作，並追蹤與評估系統層級的表現數據。	透過整合產品與系統並補充必要元素來提供解決方案，以解決客戶問題。橫跨多個場景的數據網路效應將帶來競爭優勢。
組織以提供價值	以三重數位分身為核心，統一企業內部與合作夥伴。	打造將數據轉化為商業價值的能力。	將三重數位分身擴展至客戶營運，提供可行的建議，提高客戶生產力。	發展系統層級思維，讓不同機器相連互通，決定企業在生態系統中的編排與參與角色。
加速執行路線圖	為現有機器加入感應器與軟體，逐步用融合產品取代已安裝的設備。	從充滿熱情、能夠預見互通性價值的客戶開始，將學到的經驗應用於更廣泛的客戶群。	針對產品建構子系統，擴展範圍以釋放系統層級的效益。	先從目前可以透過現有技術解決的高價值問題著手，然後制定未來解決方案的路線圖。
透過變現以創造與捕捉價值	提高可靠性，降低機器停機風險，以提升客戶價值。	透過數據圖譜與演算法解鎖提高客戶生產力的新方法。	使用無接縫系統釋放以往被孤立功能與獨立企業所束縛的價值。	客製化解決方案，以釋放因為產品不相容或問題範圍過窄而失去的價值。

慧工具。

四大融合戰場代表著不同的價值方向。工業公司與數位企業都在資產密集型產業 75 兆美元的市場中尋求機會。生成式 AI 結合深厚的領域知識，可望在個人化交通、智慧農業、居家舒適性和可持續能源等領域提供更全面、跨學科的方法來界定和解決問題。**最後，策略創新的力量將重新分配價值，讓那些擁有新能力的企業得以進入新的商業關係網路。**

我們在第 3 部不僅概述了四大融合策略：融合產品、融合系統、融合服務、融合解決方案，還剖析了其發展動態。每一間工業公司都必須評估目前的策略，同時探索演進的路徑，抓住新的機遇。**接下來的重點將轉向「如何讓四大融合策略成為企業策略制定與執行的核心」。**我們將提供一系列原則與實踐方法，幫助領導者踏上這場極為重要的旅程。

第III部

在融合未來致勝

第 9 章
融合策略的原則與執行
如何讓四大融合策略成為企業的核心？

時間快轉到 2037 年，想像一下在市民廣場（當然是數位化、全球化的市民廣場）上的熱議話題，就是成立整整 2 百年的美國農業巨頭強鹿如何成功重塑自己，成為農業和食品領域的贏家，這並非異想天開。很少有公司能夠慶祝兩個世紀的歷史，而未被收購或轉變為其他企業實體。

這一切始於約翰・梅伊（John May）在加入公司 23 年後，於 2020 年成為董事長兼執行長——他是強鹿公司歷史上的第 10 任執行長。他宣布，強鹿的策略不只是機器設備，新的「智慧工業」策略目的在徹底改變農業和建築業。

吸引人們注意的是公司聚焦於整個技術堆疊，以提升其機器設備的創新性、精確度和生產力。其方法是結合技術堆疊與生命週期解決方案。同樣重要的是，企業關注於如何在設備的整個生命週期內持續

增值，以降低成本並將正常運作時間最大化。公司的想像力不只限於工業機器，還擴展至硬體、導航、連結性、機器智慧與自動化。其商業願景聚焦於為客戶提供解決方案──這正是其融合策略網的方向。2023年，公司發出的指導方針是：「我們正在調動整個企業的力量，提供智慧化、互相連接的機器與應用，徹底革新我們客戶的業務，並在我們產品的整個生命週期內創造價值，以可持續的方式造福所有人。」[1] 更新後的標語則是「我們奔跑，是為了讓生活向前躍進」(We run so life can leap forward)，體現了強鹿對未來融合時代的雄心壯志。

強鹿執行長梅伊的願景為公司確立了未來發展方向。在2020年代初期，強鹿開始為即將到來的競爭做好準備，既要應對傳統對手，也要迎戰新興競爭者。公司意識到，**新的核心競爭力將來自鋼鐵與矽晶的結合、實體與數位的融合、人類智慧與AI的協作**。強鹿認為，如果能夠在整個農業生命週期內成為農民值得信賴的合作夥伴──涵蓋備耕、播種、保護、收穫和管理──那麼每英畝可額外增加40美元的經濟價值[2]。一旦這個價值被釋放，價值的分配方式就要視工業公司與買方（也就是農民）之間的關係而定。要成為值得信賴的合作夥伴，強鹿需要將公司在工業機器領域的專業知識與來自數據圖譜和演算法的深入見解結合，並運用遍布農地的數百萬台機器與設備所產生的數據網路效應。**當公司成功釋放額外價值後，便能夠合理地主張公司應得的價值比例。**

強鹿展開了一場致力於更加深度融入客戶營運的旅程。公司設定了一個目標：到2026年，達成5億英畝的活躍耕地（定義是在12個

月內，至少有一項作業通過強鹿數位平台被客戶追蹤的耕地），其中 50% 為高度活躍耕地（也就是在 1 個月內，至少有多項作業是透過強鹿數位平台被客戶追蹤的耕地），並擁有至少 150 萬台相連的機器[3]。自 2010 年代以來，公司持續投資在連結功能的設計。通過聚焦數據來推動農業，強鹿的解決方案將「賦予客戶實現其願景力的能力，使他們能夠透過先進技術，更精確、更有效率地完成工作，並且根據數據做出更明智的決策。」[4]

歷史最終是否會記錄，強鹿公司在鋼鐵與晶片的交會處重新定義拖拉機與工業機器，並在公司進入第三個 1 百年重塑自己？在檢視強鹿本身的表現以及客戶的生產力時，與同業的競爭將對強鹿是否成功有很大的影響。分析師和觀察者將記錄強鹿精確利用科學進步，在推進可持續性的同時不犧牲獲利能力。強鹿是否會成為數位工業變革的典範，還是其他競爭者將會迎頭趕上，以彌補強鹿在 2024 年建立的領先優勢？

雖然未來無法預測，但可以確定的是，成功者將採納我們接下來所闡述的部分──甚至是全部──原則與實踐。未來的工業競爭格局將與以往不同──陌生且未知。戰場將有所變化，新的競爭對手將具備適應融合時代的全新競爭力。如果強鹿和其他工業公司希望勝出，他們需要全新的策略手冊。他們必須緊急評估現有競爭力的相關性，放棄過時的做法，並擁抱數位時代的邏輯。他們必須採用新原則，並運用新技術。

原則1：在多個階段釋放新的商業價值

融合策略將先進的科學知識與尖端的數位科技整合在一起，改變競爭格局，開闢釋放價值的新途徑，並提供捕捉價值的新方法。在非數位時代的商業實踐中，價值創造的上限受到了嚴格的業務邊界、功能限制和組織界線的約束。而現在有前瞻性的高階管理者可以洞察到，看似零散的創意所激發的價值潛能，並意識到這種價值釋放往往會經歷多個階段。多種技術需要發展成熟並加以融合，才能釋放被困住的大量價值。我們預期，不同產業和子產業將展現出多樣化的發展軌跡：個人移動領域的成功模式，未必適用於商業物流或農業；在美國可行的策略，可能無法直接適用於世界其他地區。儘管數位顛覆（digital disruption）*將在未來10到20年內動搖所有行業，但價值重新分配的路徑仍未確定。要駕馭這個局勢，建立並強化兩種分析執行方法極為重要。

讓數百個實驗百花齊放

在這個不確定的時期，釋放價值最佳的方式仍然沒有定論，因此需要嚴謹的策略性實驗。例如，強鹿公司希望平均每英畝提高40美

---

* 譯注：根據IMD全球商業數位轉型中心的定義，「數位顛覆」是指新興數位科技與創新商業模式對組織價值主張及市場地位的影響。

元的生產力,但目前尚未找到確切的方法與機制——而且對於面臨不同條件的客戶來說,最佳解決方案可能會非常不同。因此,強鹿必須進行精細的實驗,將數位科技與組織流程結合,以發展出能夠在不同客戶環境下釋放商業價值的具體運作模式。這些實驗將有助強鹿建立一個涵蓋感應器、軟體和周邊設備的路線圖,以提升現有機器的性能,同時獲取深入的見解,以設計出新一代設備。

　　實驗有助於企業在不同的時間範圍內改進現有做法並適應未來的變化。挑戰在於,企業需要在現在的競爭(第一時間範圍,約 1 到 3 年)中成功的同時,還要為未來的競爭場域(第三時間範圍,7 年以上)做好準備。但是在中期時間範圍內(第二時間範圍,3 到 7 年),重大商業挑戰將浮現。企業執行長必須決定何時要放棄傳統做法,以及應該以多快的速度採用可能成為未來業務基礎的新做法。對於強鹿而言,第二時間範圍的決策涉及在機器設備的演進與客戶營運內部的數位整合之間取得平衡,包括如何讓非強鹿的機器和設備與強鹿的農業系統相連互通。

　　強鹿公司的智慧工業策略成功與否,取決於公司在第一時間範圍內保留關鍵的價值創造與捕捉能力,同時捨棄在第三時間範圍內可能變得不再相關的部分[5]。強鹿必須精準地識別未來的關鍵轉折點——也就是過去的最佳執行方法可能失去效力的時機。此外,強鹿公司還必須謹慎決定應放棄哪些做法,以確保盡可能降低失去寶貴技能與知識的風險。透過設計協調一致的實驗,包括橫跨三個時間範圍的數據驅動模擬,強鹿公司就可以識別並重新分配來自過時商業模式的非生

產性資源，以轉向到能夠釋放新商業價值的領域。

成為「回溯分析」的佼佼者

預測雖然是直接的方法，但這麼做也有侷限，因為預測需要依賴目前的普遍資訊，並且容易強化既有的偏見──例如，預測總是會高估技術在短期內的影響，而低估長期影響[6]。此外，預測在條件可預測時最有用。相較之下，當企業面臨技術、客戶和競爭者的不連續與非線性變革時，「回溯分析」就顯得更加重要，因為不連續性會顛覆既有的價值格局。回溯分析可幫助企業透過從可能發生不同未來往回推算，以確定商業價值可能被創造與捕捉的領域，而不是從目前的情境向前推測。

從 2037 年開始回溯，強鹿公司應考慮其機器電氣化的角色。電動汽車與電動卡車的普及，很可能會延伸至拖拉機和建築設備領域。首先，自動駕駛系統與汽車電氣化可能會直接影響拖拉機和建築設備的架構。第二，電氣化可能間接降低對玉米的需求，而玉米是乙醇的主要成分，而乙醇則是傳統內燃機的動力來源。如果乙醇的需求在未來 10 到 20 年內減少，強鹿公司該如何幫助種植玉米的農民順利轉型到其他農作物？這遠超出強鹿公司作為工業機器製造商的職責範圍，但是身為一間提供「解決方案」的公司，強鹿無疑必須涉足此領域。「回溯分析」能夠揭示跨時間範圍的微弱信號之間的關聯，使企業能夠更全面地理解未來由多重趨勢與技術的融合所塑造的商業格局。

採用由外而內（outside-in）的視角，回溯分析能夠更深入理解新

興技術與不斷變化的客戶需求之間的交集，進而釋放隱藏的價值。強鹿公司必須關注相鄰領域的發展，例如種子和肥料，這些發展可能會對其機器設備上的感應器與軟體套件產生影響。這種回溯分析方法能夠幫助企業識別價值流的關鍵轉折點，將關注點放在獲利池的變化，而不只是技術進步。繪製獲利池變化圖能夠提供寶貴的深入見解，使企業能夠識別可能成為關鍵業務夥伴的市場參與者，並重新規畫數位轉型所釋放的價值分配模式。

為了使「回溯分析」發揮最大效益，企業必須從對未來的籠統描述，**轉變**為對未來的具體願景。這表示需要預測可能發生的變化，例如汽車製造商「何時」以及「如何」將其技術與專長帶入農業領域，並確定必要的應對措施，例如建立合作夥伴關係或進行股權投資。此外，回溯分析應描繪多種可能的未來場景，這些場景將根據非數位與數位科技的不同組合，呈現不同的轉折點與時間節點。**矽（數位科技）與鋼鐵（傳統機器）順暢且無接縫的融合，將在各行各業中以不同的方式發生**。因此，透過在相鄰領域進行基準測試來探索未來可能的發展路徑，企業可以更有效地管理自身在維護當前獲利與開拓新價值領域之間的平衡。

原則2：為協作式智慧所設計

儘管融合企業的組織結構仍在變動，但有一個基本的設計原則已逐漸明朗。將人類智慧與機器智慧視為彼此獨立是沒有用的，將這兩

種資源分開來看會使得效率不彰。每一項職能與活動都將由人類與機器共同增強，這可用兩個簡單的詞語來表達：協作式智慧（collaborative intelligence）。**企業應該轉變思維方式，不要再將 AI 視為人工智慧（artificial intelligence），而是將其視為擴增智慧（augmented intelligence）。**

現在人們已經充分理解，**如果沒有強大的數位工具，就算是最聰明的人，效率也會遠低於配備這些工具的狀態。**在每一場競爭戰役中，勝利者都需要運用最能體現協作式智慧的強大武器。人類與機器將合作，共同建立進階數據圖譜和數位分身，以找出過去無法察覺的模式。演算法將能夠發掘強而有力的模式，進而在獨特且具有挑戰性的情境中釋放價值，這些情境可能超出人類的分析能力。

組織設計者會將愈來愈多的運算密集型任務交給機器處理，而將自己的注意力集中在機器尚無法處理的決策過程[7]。當被要求評估數位轉型成功所需的三大關鍵資源——資金、技術與人才時，工業領袖始終將人力資源視為首要因素。工業公司必須對人才進行再培訓，並策略性地定位自身，以吸引新人才。**為了促進這個人才培訓轉型，企業必須採取以下兩項關鍵措施：**

措施1：對目前的勞工進行再培訓

最具挑戰性的任務之一，就是清楚說明從人類與機器各自獨立運作的傳統模式，過渡到協作模式的規模、範圍及速度。大多數工業公司的員工，**就算是擁有技術學位的人，也不完全了解先進演算法如何**

幫助他們更有效率地完成工作。與此同時，每一個技術領域都正在被數據和 AI 所重塑，特別是生成式 AI。即便是剛畢業不久的人，也會發現自己的專業知識很快就變得過時。像強鹿這樣的公司早已認識到技術培訓的重要性——公司早在 1989 年便啟動了技術培訓計畫。現在每間公司都必須擴大培訓範圍，以教育和訓練更廣泛的勞動力，他們其適應人類與機器協作的新模式。

我們與企業的交流顯示，企業界對於培訓網路安全、區塊鏈、雲端運算、先進 AI 等數位科技專家的關注度日益提升。這是一個很好的開始，但企業更需要全面了解人類與機器智慧如何在各個領域交會，以及應該如何運用這些技術來提升生產力。我們主張進行更廣泛的培訓，以幫助員工理解生成式 AI 演算法如何補充人類技能。

即時收集與分析運作中的數據，以這樣的方式建立三重數位分身是一項新挑戰。但是這個任務需要各級經理人的廣泛理解。設計使用圖譜結構（graph structures）進行預測分析的資料庫，以開發客製化解決方案，這是一項新的任務。有些員工可能在技術細節方面表現卓越，但所有人都應該具備使用這些資料庫獲取深入見解的能力。或許並非所有人都具備生成式 AI 的技術專長，**但每個人都應該要熟練運用這些可用工具，以提高工作效率。將來自不同競爭對手的產品與設備整合，並確保數據在複雜系統中順暢不中斷地流動，正在成為一項極為重要的新能力**。

要想讓工業公司營運中心的運行速度和效率，達到谷歌與亞馬遜等現代科技營運的水準，就需要全新的紀律。人類只有與機器合作，

才能做得到或甚至是超越這個標準；同時，機器也需要人類提供數據與參與。**工業公司應該將「人機合作夥伴關係提升」為最高優先事項**，尤其是在當前有大量關於技術如何導致大規模失業的爭議之際。對勞工進行協作式智慧的培訓投資，將立即帶來巨大且可觀的回報。

措施 2：招募明日的人才基礎

人類與機器如何協作以加速協作式智慧的發展將不斷演進。因此，培訓現在的勞工只是起點，而不是終點。隨著各行業逐步數位化，人才基礎將發生變化，而這種變化也將隨著競爭方式與競爭場域的選擇而不斷演進。

特斯拉在年度 AI 日（AI Day）上，透過展示專有晶片等技術進步，並介紹推動創新的數位團隊，來突顯公司獨特的優勢。然而，AI 日真正的目標受眾並非業界觀察家或金融分析師，而是未來的員工。如果你詢問賓士、福斯、福特和通用汽車關於人才招聘的優先事項，他們的回答將主要是如何吸引頂尖的軟體工程師和 AI 專家——這些人才可能從未考慮過在工業公司工作。工業公司必須努力招募認為自己應該與機器協作、不斷學習，並願意成為早期推動者的人才。

如果在強鹿成立 200 周年之際成為市場焦點，那麼我們預期該公司的人才基礎將與 2020 年宣布智慧工業策略時大不相同。公司將擁有一支強大的專業數據科學家團隊，負責調整專有演算法，以提升農業生產力並確保可持續性。但是這還不夠，強鹿需要招募能夠在專業領域達到頂尖水準、並且能夠將自身專業與數位科技流暢結合的人

才。此外，各領域的專家也應該能夠適應並願意與數據科學家合作，共同釋放商業價值。因此，強鹿的人才基礎將與企業願景相符，因為該公司正不斷發展，不再只著重於機器，而是成為客戶信賴的解決方案供應商。

隨著發展推進，強鹿會逐步將協作式智慧的理念延伸到企業邊界之外，並擴展至其生態系統中的關鍵合作夥伴。隨著數位科技變得更為強大且更具自主性，這些技術將被整合到不同的功能領域，並涉及供應商、經銷商、分銷商及合作夥伴。企業領導者必須利用技術堆疊的演進來釋放價值，並主動平衡人類與機器之間的決策權與管理權，確保關鍵合作夥伴能夠跟上發展的步伐。隨著生成式 AI 技術在各行各業變得更加普遍，領導者必須持續拓展邊界，確定哪些任務應該交由演算法處理，哪些則需要人機協作完成。

誰能獲勝將取決於整個組織（包括擴展的生態系統）能否認識並適應協作式智慧的力量及快速演變的動態。而且他們也需要在員工再培訓與人才招募之間取得平衡。

原則3：在生態系中生存並成長

除了人類與機器之間的協作式智慧，另一種形式的合作正逐漸成為競爭的核心。競爭不再只依賴智慧機器，而是轉向解決客戶的問題。跨產業企業之間的關係網路正在打破傳統的界限。**成功與否的決定因素，將是企業是否能夠建立聯盟、夥伴關係、生態系統與聯盟組**

織，是否能夠與盟友合作，以及是否能夠形成新的數位商業關係模式。最終的勝者將是「我們的公司」（we companies）而非「我一個人的公司」（me companies），競爭優勢將來自公司在建立或加入的重疊生態系統中的位置。

這對於歷來以專有技術為核心的單一產業而言是一場重大變革，這些產業過去習慣在競爭與合作之間劃清明確的界線。**數位的世界要求它們在競爭的同時，也能夠透過生態系統相連互通，與客戶建立緊密合作關係，並獲取他們的信任。**這需要企業獲得對客戶資料的存取權、深入嵌入客戶的業務營運，並建立足夠的信任，以提出能夠影響客戶獲利能力的決策建議。要實現這種新的動態模式，企業必須執行兩項關鍵措施。

關鍵措施1：讓生態系統立即發揮作用

企業的營收與獲利要視它如何善用夥伴關係來補充其內部能力而定。對於強鹿公司而言，這代表必須確保其合作夥伴組合，包括通路夥伴、技術夥伴，以及參與精準農業的企業——其中甚至可能包括未來的競爭對手，如孟山都與愛科集團（AGCO）——其結構可以使獲利達到最大化。此外，企業還需要探索各類合作夥伴的角色，包括感應器供應商、軟體公司、衛星影像服務供應商、農地測繪專家，以及著重於數據互通性的技術專家。這些合作夥伴過去可能與強鹿公司毫無關聯，但是現在它們的專業能力將是推動強鹿公司轉型的關鍵，使強鹿公司從實體機器與設備製造商轉變為全面應用三重數據分身，將

整個產品生命週期數位化的行業領導者，並透過將動態數據輸入數據圖譜中，不斷挖掘產品性能提升的新途徑。

在這第一階段的轉型過程中，強鹿的夥伴關係組合將奠定穩固的基礎，使公司能夠明確劃分責任，以協調管理不同的合作關係。以前部分合作關係可能歸屬於採購部門，由其負責遵循標準協議與規範；另一些合作關係則可能屬於行銷與服務部門，由其依據特定績效指標與監管機制進行管理。我們的策略手冊主張，企業應對這些關係進行整體規畫與管理，確保農地機器所收集的數據能夠根據需求流向不同的合作夥伴。**強鹿未來的成功不只要靠其內部能力，更要視公司能否有效協調夥伴關係組合**。這些夥伴關係組合的管理不該只限於機器設備的設計與交付，而是應該涵蓋設備的完整生命週期監測，以確保在現場的運作效能。這個新的指導原則應該要幫助強鹿採取協調一致的夥伴關係策略，而不是將不同的合作夥伴視為彼此獨立的業務安排。

關鍵措施2：調整生態系統，迎接未來

我們的策略框架是動態的，這表示關係組合將會改變，也必須改變，而這正是這個做法的重點。強鹿必須與土壤、種子、肥料、化學品、水資源、氣象和保險公司建立新的合作關係，以有效邁向「融合解決方案」。**當公司在融合策略組合中探索新的發展軌跡時，必須評估應該透過收購或內部開發，來將哪些新能力內化，以及應該透過合作夥伴關係來獲取哪些能力**。融合前沿發展及新興的競爭戰場，一段時間下來將會改變工業公司的能力組合。這些變化會使某些重要的關

係成為基本需求（hygiene factors），並隨著技術的商業可行性提升，催生新的能力需求，同時提供防禦機制，以便未來對抗擁有嶄新但尚未經過驗證技術的未知競爭者。

我們的策略手冊建議領導者從生態系的角度來理解可能的發展軌跡，以及從一個競爭戰場轉移到另一個競爭戰場（例如，從智慧機器之戰轉向智慧系統之戰）的時機。哪些合作夥伴能幫助強鹿公司在精準農業系統領域超越其現有的機器產品組合，成為市場領導者？在強鹿公司調整策略之前，必須先將哪些能力調整至最佳？強鹿公司可以如何進一步利用與微軟在雲端功能和生成式 AI 領域的合作，來強化對精準農業中複雜相互關係的理解，以提供客製化解決方案？公司又能如何加強與亞馬遜雲端服務（AWS）的合作，以發展其營運中心的功能？強鹿公司是否應該對衛星公司進行少數股權投資，以確保其數百萬部機器（包括合作夥伴的機器）能夠穩定地向營運中心傳輸數據，同時利用衛星連線來遠端微調農地作業機器？[8]

由於數位科技的不斷變化帶來新的機遇與挑戰，企業必須持續再平衡其關係與生態系統。當競爭對手重組合作夥伴關係與生態系統以獲取優勢時，企業應該主動評估關鍵趨勢，並迅速應對市場變化。

回溯分析有助於確定應如何在生態系統內重新調整關係。舉例來說，如果貨車的電力驅動系統能夠以模組化架構適用於農業與建築機器，那麼這將如何改變競爭格局與成本結構？與其等待某款原型機在貿易展覽會上亮相，強鹿是否應該率先進行實驗，了解其優勢與挑戰？解決這類問題將有助於企業主動調整生態系統，適應未來發展。

原則4：培養融合型領導者

融合型領導者結合了傳統組織與數位原生企業的最佳特質。工業數位轉型不同於過去幾十年來的任何變革。我們提出的四大融合策略戰場邏輯以及各個戰場的制勝策略，要求領導者認識到，此刻需要的不只是漸進式調整，而是徹底重塑。

在我們的研究中，我們識別出關鍵的領導特質。擁有這些特質的領導者知道公司在技術與管理上的傳統，也了解過去的成功並不能保證未來的繁榮。他們敢於挑戰根深柢固的偏見，欣然接受數位科技，進而徹底改變業務的每一個方面。他們雖然不是精通技術的專家，但能夠理解數位科技如何影響競爭格局，並重寫價值創造與獲取的規則。他們直覺地理解數據的力量，以及透過強大演算法從數據中挖掘洞察的價值。他們願意接受以數據為主的想法，即便這些想法可能挑戰他們過往的認知與經驗。他們具備系統性思維，擅於連結各種資訊點，建構未來願景，並有效地傳達機會與挑戰。那麼，**關鍵問題就在於，如何培養這樣的領導者？我們認為，企業必須部署兩個策略。**

策略1：在經營團隊中培養融合思維

不意外的，融合型領導力必須從最高層開始。但是在工業公司中，多數經營團隊對於數位化的規模、範圍與速度仍然有不同看法。這種觀點不一致直接導致企業對於稀缺資源的錯誤配置。經營團隊往往過度投資於例行業務與傳統核心能力，而對那些將決定未來競爭力

的創新舉動投入不足。一開始許多企業傾向認為，數位科技只會影響部分業務，因此並非他們的優先事項。在這種情況下，一些企業選擇將實施融合策略交給資訊部門，或成立臨時團隊來應對。但是我們發現，**最關鍵的要素是企業內部能否形成一致的觀點，也就是數位科技如何、何時、在哪裡推動策略並影響融合戰場**。這種統一的視角有助於確保企業在之前討論過的不同時間範圍內，制定一份共同的策略優先事項清單，並適當分配資源。

融合領導者必須確保每個部門都能理解數位轉型的顛覆性影響，以及在不同業務職能間必須做出的權衡取捨，以建構未來的業務基礎。舉例來說，執行長約翰‧梅伊在強鹿公司內部推動這項變革，確保智慧工業策略不只是行銷口號，而是公司整個經營團隊都能全力投入的新願景。此外，他還聘請曾協助制定此策略的波士頓顧問公司（Boston Consulting Group）合夥人，擔任生命週期解決方案、供應管理與客戶成功部門的總裁。透過這個舉動，強鹿執行長梅伊清楚傳達出他的觀點：**企業需要引入能夠在商業與數位領域之間穿針引線的外部領導者**。

策略2：在全組織內灌輸融合思維

在最高層經營團隊內部建立統一的融合願景是一個良好的開始，但**最終的成功必須取決於全體員工能否接受這個變革方向與步伐**。由於數位化轉型是改變業務流程、思維方式和文化的問題，因此，想要以最有效的方式完成數位化轉型，就不能只是從高層向下滲透。經營

者愈是學會使用融合策略的原則，變化就愈有可能發生得更快，摩擦和混亂就愈少。

因此，當務之急是在各層級與各部門內部提升人才技能，為他們準備好迎接融合型未來的挑戰。若企業內部在傳統領域與數位科技之間仍有鴻溝，這便是一個警訊。要克服這個問題，企業必須讓員工在自身專業領域與數位科技的交叉點上，接受教育並提升技能。使他們能夠與自動化技術合作，以便將自身的專業知識應用在現有機器尚無法高效處理的領域。此外，企業應舉辦駭客松（hackathon）與其他創新活動，讓所有員工了解潛在的技術變革。同時，企業還應該在人才市場上塑造自身形象，將自己定位為站在前線採用新科技，進而在潛在員工心中建立正面印象。

原則5：遵循策略記錄

融合策略會改變競爭格局，促使企業從產品轉向服務、系統和解決方案。在缺乏具體指標和時間框架的策略記錄的情況下，轉型工作很可能會以失敗告終。我們提醒企業不要使用通用的計分卡（或盲目跟隨其他公司的計分卡），並強調制定一份能夠反映企業願景、參考基準、資源以及目標里程碑的記錄有多麼重要。

公司考慮排除的項目與包含的項目同樣重要。指標應該更著重於捍衛核心業務，還是追求新的機遇？計分卡是否考慮了數位科技對產品、流程和服務的影響，以及可能的淘汰風險？是否有追蹤最理想服

務與解決方案客戶的指標？公司是否夠著重於找出現有以及未來的合作夥伴，以確保他們能在不同的融合情境中促進短期獲利和長期成功？以下是兩個必須實施的實踐方式。

實踐方式1：使用符合戰場需求的指標

企業經常使用模糊的目標，例如「我們希望成為市場領導者」或「我們想要成為業界第一」。但是計分卡的項目應該要精確，以確保所有人都能理解標準、成就和差距所在。在投入這四大融合策略戰場時，**企業必須讓全組織的人員清楚短期與長期成功的衡量標準**。但是領導者往往只傳達「指標是什麼」，卻沒有說明「為什麼要用這些指標」。如果沒有清楚地闡述「是什麼」與「為什麼」，執行將會無效。對強鹿公司來說，這表示指標的重點不應放在銷售機器的數量或售後服務的獲利能力，而是應該關注於提升客戶的生產力與獲利能力，尤其是在不同作物組合層面，以及長期可持續利用稀缺資源的能力。

工業機器開始在不同領域之間相連互通，隱私與安全性成為特別重要的衡量指標。工業公司必須透過保護客戶資料並展現對資料安全的承諾，以贏得客戶與合作夥伴的信任。工業資料的隱私與安全可以成為競爭優勢，因此企業應該持續追蹤安全漏洞並展示相關的指標，以獲得客戶的信任。

量化有其極限，無法識別突發的變革。融合計分卡應該讓利害關係人夠提出異常現象或微弱訊號，這些訊號可能預示著市場的不連續變化。數位創新總是在這些交叉點出現，及早找出這些創新就能幫助

工業公司搶占先機，取得市場領導地位。

實踐方式2：當指標變化時，策略也應調整

將融合作為策略視角，有助於工業公司思考自身的演進過程——從「融合產品」的供應者轉變為「融合解決方案」的提供者，並隨著四大融合策略戰場的發展進行相應調整。這些轉變必須根據指標進行規畫和執行。企業必須確保計分卡能夠追蹤反映當前策略是否受到市場或競爭對手變化影響的關鍵參數，並識別何時應該採取其他融合策略，因為它們可能變得可行而且可創造獲利。例如，當強鹿公司轉型為「解決方案」型企業時，衡量指標也應隨之變化，重點應放在客戶如何將強鹿公司視為值得信賴的策略夥伴，而不只是衡量全球各地運行的機器數目。

* * *

強鹿公司在融合服務方面已經取得長足的進展，其技術架構在過去25年來穩步發展。強鹿公司絕非數位工業轉型的後來者，不過，強鹿執行長梅伊近年來的行動讓公司的未來願景變得更加清晰。該公司在2022年的投資人報告中展示了技術架構的五個明確發展層級：1.硬體與軟體、2.導航與指引、3.連接性與數位解決方案、4.自動化、以及5.自主運作。如果我們反思融合策略的基本原則並預測一個技術堆疊，我們會增加數據圖譜和人工智慧，以促進從「智慧型機器」（強

鹿目前的市場獨特位置）到「融合解決方案」（強鹿明確的目標）的轉變。在未來幾年中適當的時機加入這兩個層面，將幫助強鹿在 2037 年成為人們津津樂道的話題。我們的觀點很簡單，並適用於所有工業公司：**企業應該超越只是讓機器自動運作的思維模式，轉而建立一個機器網路，使其能夠將數據傳輸至強大的 AI 演算法中，產生具備情境相關性的決策建議，將目前仍然被困住的巨大價值釋放出來。**

融合前行

　　重資產的工業公司執行長必須了解到，現在正是把握數位轉型戰場機遇的時刻：智慧機器之戰、卓越成果之戰、智慧系統之戰以及客製化解決方案之戰。這些融合戰場會隨著時間在不同產業中發生變化，但是全都為工業公司提供了獲取公平價值市占的機會。企業領導者必須具備識別這些戰場相對吸引力的能力，能夠理解競爭對手的動向與技術發展，並採取果斷行動，才能在不斷演變的融合環境中確保競爭優勢。

　　在**智慧機器之戰**中，必須認識到數位優先的架構最終將勝出。因此，在調整投資時，務必要考慮這一點，將先進技術的融合納入規畫，以提升產品的性能與能力。在**卓越成果之戰**中，重點應放在深入融入客戶的營運中，利用數據與分析提升服務品質與客戶獲利能力。這麼做可以讓你的公司變得無可取代，那些缺乏深入專業知識的競爭對手就無法輕易替代你。

在**智慧系統之戰**中，企業應確定自己在相連的生態系統中的角色，並靈活調整數據流的架構與管理。隨著系統的改變，企業也必須調整自身角色，以適應新的競爭格局。

最後，在**客製化解決方案之戰**中，企業應該利用生成式 AI 以及深厚的專業領域知識，開發能夠即時滿足客戶需求的個人化產品與服務。

現在是採取果斷行動的時刻。數據與 AI 並非明日的機遇，而是今日的挑戰。在我們與工業公司執行長的對話中，浮現了一個共同的觀點：他們知道數位科技將無可避免地打亂並重塑競爭格局，他們也認識到企業必須優先考慮數據與 AI，以成為數位優先企業。企業董事會已不再質疑這一點，唯一的分歧在於資源重新配置的時間與速度：

應該多快放棄過去的核心能力，培養新的未來競爭力？

應該多快終止那些對未來不再關鍵的合作關係？

應該多快重新塑造企業的人才組合？

執行長必須立即應對並解決這些問題。表 9-1 總結了**未來**的策略（融合方法）與**目前**的策略（傳統方法）之間明顯的差異。融合未來（fusion future）並不是線性延伸過去工業時代的模式。今日的核心能力將不足以贏得明日的競爭。

成功的公司之所以走向衰落，是因為它們過度投資在當下所擅長的事物，而對於未來需要精通的領域則投資不足。融合未來把這個挑

戰擺在企業面前，迫使企業採取行動。請從文藝復興時期大師李奧納多・達文西（Leonardo da Vinci）的名言中汲取靈感：

「我深感『採取行動』有多麼急迫。

光是知道還不夠，我們必須實踐。

光是願意也不夠，我們必須付諸行動。」

表9-1　目前策略與未來策略的差別

類別	目前的策略（傳統策略）	未來的策略（融合策略）
成長動態	線性、漸進，產業邊界內	非線性、指數型成長，跨越產業邊界
競爭格局	熟悉的競爭對手；擁有類似的商業模式；著重於設計與交付的產品	數位原生的競爭者；具備新能力；著重於產品的使用方式
規模與效率	實體資產，以生產為主的規模	資訊資產，以數據為主的規模
範圍擴展	產品市場擴展；透過併購垂直整合	數據圖譜帶來的能力；透過數據整合與夥伴關係實現虛擬整合
客戶洞察	臨時性調查；營運改善；深入的見解僅限於購買時點	即時觀察；競爭性差異化；與連結至客戶成果的深入見解
網路效應	直接與間接網路效應	數據網路效應
資料與AI策略	提高效率、獨立資料庫、紀錄與參與系統；以企業為中心；著重於單一企業；AI用於提升營運效率	即時的深入見解、整合資料庫、數據圖譜系統；以網路為中心；著重於企業與其生態系統中的合作夥伴和客戶；AI用於策略差異化

後記

理論基礎及行動呼籲

　　我們的合作本身就是一種融合的範例：本書作者之一維傑將他對策略與創新的興趣，與另一位本書作者文卡長期將數位轉化為價值創造主要驅動力的追求結合起來。這些看似不同的興趣，都在本書中集結起來。

　　策略與資訊科技這兩個學術領域，以往一直都是各自獨立運作的。策略學者在經濟模型與行為研究的引導下，將資訊系統與科技視為功能層級的戰術工具，只是用來回應更高層次的公司範疇（企業投資組合的內容）與商業策略（如何在選定的領域中競爭）上的決策。

　　1980 年代有哈佛與麻省理工學院的一群學者認識到資訊科技的力量。文卡很幸運能在麻省理工學院史隆管理學院開始策略研究生涯。1980 年代中期，他獲邀參與一個著眼未來的研究計畫，核心問題是：企業如何運用資訊科技的力量來轉型，這對我們所知的管理學科又會帶來什麼意義？[1]

　　當時，數位設備公司的迷你電腦正在挑戰 IBM 在大型主機領域的霸主地位。但資訊科技仍處於起步階段。當時專業人士手中最強大

的硬體是一部IBM個人電腦，最具多功能性的軟體（也就是所謂的「殺手級應用程式」）則是來自麻州劍橋一家新創公司的Lotus 1-2-3。策略大師麥可‧波特（Michael Porter）在1985年《哈佛商業評論》（*Harvard Business Review*）發表的文章〈資訊如何帶來競爭優勢〉（How Information Gives You Competitive Advantage），比現在聚焦於數據與AI還要早②。當時的矽谷離這一切還很遙遠，而歐洲核子研究組織（CERN）全球資訊網的發明人提姆‧博納斯-李伊（Tim Berners-Lee）直到1989年才撰寫那份關於網路架構的著名備忘錄。③

這一切在1990年代開始發生變化。企業重新設計業務流程，並透過使用來自甲骨文（Oracle）、SAP和微軟的企業系統來重塑企業架構的呼聲四起。這類系統確實需要在資金、人力與管理時間上投入大量資源。但是焦點是讓企業在既定策略中更有效率，而非改變企業建立競爭優勢的方式。關於「在哪裡以及如何競爭」的策略，依然遵循傳統方式運作。即便如此，兩個學術領域之間的鴻溝依舊存在。即使文卡與同事於1993年在《IBM系統期刊》（*IBM Systems Journal*）上發表的一篇文章在1999年被視為促進企業與IT需要一致思維的轉捩點，也未能完全彌合這道裂縫。④

網頁瀏覽器的問世、網際網路的迅速成長，以及新創網路企業的出現，改變了人們對數位科技力量的認知與理解。學者開始注意到並討論，新進者如何透過數據（如谷歌在廣告業）、去中介化（如亞馬遜在零售業）與顛覆性創新（如網飛在媒體業）挑戰既有企業。這些並非只是效率的提升，而是運用數位科技力量的變革型創業構想。行

銷學者開始理論化「市場空間」與「長尾效應」在取得優勢上的角色。就在網路熱潮高峰時期，本書作者之一文卡在《MIT 史隆管理評論》上發表一篇文章，探討既有企業應如何運用網際網路既防禦核心業務又設計新業務──這正是本書另一位作者維傑所提出的「三盒解決方案」＊（three-box solution）創新架構中的核心主題[5]。

隨著網路的成長與成熟，再加上 2007 年蘋果推出 iPhone，谷歌隨後推出安卓作業系統，嶄新的商業模式如雨後春筍般湧現。經濟學與策略學者開始構思多邊平台對現狀顛覆的潛在力量[6]。亞馬遜、YouTube、Uber、Airbnb、臉書、Instagram 等企業展示出新的商業模式，創造並擷取價值的新方式。理論與實證研究顯示，這些模式在多邊市場中運作，通常會補貼某一方、利用網路效應、在無需擁有資產的情況下擴展規模，並結合多元合作夥伴，藉由快速的回應效應產生優勢。在過去 10 年中，來自商業各個子領域的學者終於在理解平台商業模式（包括生態系統與互補者的角色）方面找到了共同基礎[7]。

數位平台主要在輕資產的環境中運作，但它們可能對重資產的產業構成威脅，方法是將價值從傳統的實體產品轉移到新的服務型態上（例如針對產品提供的服務），如 Uber 或 Airbnb 的案例。此外，學

＊ 注：三盒解決方案為本書作者之一哈佛商學院教授維傑提出的創新管理模型，以協助企業在應對現有業務、規畫未來成長以及淘汰過時做法之間取得平衡。

者們也了解到，許多工業環境其實不需要依賴平台商業模式，也能被數位科技輕易顛覆與轉型。2013年，《MIS Quarterly》的編輯宣布，資訊系統領域正式認定「數位商業策略」為一個關鍵主題，並指出該是時候思考IT策略與商業策略融合了[8]。他們主張，數位的影響是跨功能的，不應該只把數位看作是零散的科技工具（如網路、資料庫或企業系統），而應該視為組織資源（與策略學者熟悉的資源基礎觀一致），並且了解到數位科技對企業績效的影響超越了效率的提升。儘管如此，兩大學術領域所期盼的融合仍然尚未真正實現。不過，以此融合理念為基礎、以實務者為目標讀者的書籍與文章卻大量出現，呼籲策略分析師認識數位科技的轉型力量[9]。

維傑於2008到2009年期間擔任奇異的首位駐校教授與首席創新顧問時，親眼見證數位科技如何重塑工業公司。當時奇異正在探索如何運用工業網際網路來創造顧客價值的初期階段[10]。

21世紀的第三個10年已經到來了。在這個數位10年中，我們見證數位科技對每一個產業、每一間公司、每一個地區產生影響。市值最高的公司排行榜早已被蘋果、微軟、字母公司、亞馬遜、Meta、輝達和特斯拉所主導。這些公司透過生成式AI重塑自我，並挑戰無法吸收新技術的企業。隨著各產業快速數位化，這些公司正成為新的規則制定者。

可惜的是，許多商學院依然將數位與策略學者分別安置於不同的系所，幾乎沒有跨職能的研究合作。這或許也反映出各自領域頂尖學術期刊的分立現象。如果在研究企業如何運作、經理人如何領導時，

就不能沒有一個統一的研究基礎，承認數位已滲透生活每個層面。

　　只從工程和技術管理的角度來研究產品創新，而沒有認識到運算與演算法的力量，是見樹不見林。如今幾乎每一項產品都是數位產品，或至少與數位產品有所互動，其架構比較可能類似於科技堆疊，而非傳統的非數位化產品。若不考慮數位架構的依賴程度以及對其他組織功能甚至是擴展的商業生態系統所帶來的深遠影響，只以行銷學術的角度探討客戶服務價值的傳遞是絕對不夠的。若不考慮物聯網與工業 4.0 如何推動供應鏈創新，以及如何揭示全球企業地理重心的廣泛變化，研究供應鏈配置也不夠。**若認為數據與人工智慧只會影響「高科技產業」，那就是短視近利，因為生成式 AI 很可能在未來 10 年影響全球經濟的廣大範疇**[11]。若學者未將無形資產納入考量，這些正是數位時代的主要資源，那麼用於策略決策的財務分析將會造成誤導，甚至可能是完全錯誤的。組織學習應重新被構想為由機器學習所強化的人類智慧。企業傳統上為了效率而採用的資訊科技管理策略，可能無法同樣有效應對以創造力為核心的生成式 AI 系統。

　　策略這個學術領域是我們兩人在知識上共同的根基，其基礎建立在來自不同學科背景的學者所進行的詳細實地研究之上：美國策略學倡導家肯恩・安德魯斯（Ken Andrews）承襲一般管理的傳統；美國商業史學家、哈佛商學院教授艾佛瑞・錢德勒（Alfred Chandler）採用商業史的觀點；美國組織發展理論共同創始人克里斯・阿蓋利斯（Chris Argyris）從組織學習的角度出發；策略大師麥可・波特（Michael Porter）採取經濟學視角；保羅・羅倫斯（Paul Lawrence）和傑伊・羅

許（Jay Lorsch）採用組織理論的方法；商業思想家普哈拉（C.K. Prahalad）注重資源與能力；哈佛商學院教授克雷・克里斯汀森（Clay Christensen）著眼於顛覆式創新等等。這些學者對通用汽車、奇異電器、IBM、西屋（Westinghouse）、科達（Kodak）、惠普（Hewlett-Packard）、本田、索尼和開拓重工等傳奇企業進行多年個案研究。好幾個世代的學生都接受過這些學術巨擘的思想薰陶。

我們目前所處的時代，一些新的數位原生公司正在書寫全新的策略規則，傳統產業公司也正迅速進化，以適應並重塑自我。這歷史性的時刻呼喚策略研究方法上的創新。我們希望這些創新能擺脫舊有理論、模型與假設的束縛，受到啟發但不受限制，不再被狹義理論框架或追求以優雅模型與數學證明來傳遞普遍真理的需求所限制。一個有前景的方向，是對那些從非數位轉型為數位的下一代實踐（next-practice）企業進行精心設計的個案描述與分析，這種方法與我們所提及的阿蓋利斯、羅倫斯、麥可・波特等人的研究方法類似。

維傑有幸在 2016 年與特斯拉執行長馬斯克見面，這位創新家當時描述設計一輛「輪上電腦」並與雲端連結之汽車的願景。從內燃機汽車轉向電動車再到自駕車，這是一種典範的轉移。維傑最初對奇異的接觸以及後來與馬斯克的會面，使他相信競爭優勢的法則已經改變，**現在獲益的是擁有最強大即時洞察力的人，而非擁有最有價值實體資產的人**。我們在十多間工業公司所做的深入實地研究，更加強了這個觀念：**融合未來並不是工業過去的線性延伸。融合代表著徹底的轉變。競爭格局在改變，所需的能力不同，新的生態系統正在浮現，**

價值創造的過程也在轉變。請參閱表 9-1，表中總結融合策略與傳統策略之間的顯著差異。

我們正處於工業部門數位化的初始階段，因此這是未來研究的一片沃土。生成式 AI 是 AI 演進的下一個轉折點，將為融合策略注入一劑強心針。這項技術除了其他功能外，還能生成複雜設計、從多模態資料中取得深入的見解與趨勢、預測並主動回應變動條件，以及處理模糊與不完整資料，生成式 AI 可說是量身打造來改變工業公司競爭邏輯的技術。這個正在浮現的商業格局——工業公司面前的融合未來——邀請學者發展嶄新方法，以帶來下一代的策略見解。

在我們撰寫本書手稿的過程中，重新回顧了指引 1980 年代中期學者的那個問題。我們在此重述這個問題，但是修改了一個雖然小但是重要的詞：

企業該如何運用「數位」科技的力量來自我轉型？這對我們所理解的管理學科可能代表的意義？

現在已毫無疑問，數位科技將對企業產生影響；唯一的未知是這個過程的廣度（規模與範圍）與速度有多快。同時也愈來愈明顯的是，數位——尤其是數據與 AI——將對管理領域造成影響，正如它已開始影響自然科學、社會科學與工程學的不同分支一樣。

在與企業合作的過程中，我們曾呼籲企業創新與重塑自我。若我們不對學術界提出相同的呼籲就是我們的疏失——尤其是現在，我們

知道許多觀念必須重新審視，其中一些甚至應該選擇性地被遺忘（遵循「三盒解決方案」的精神）。那些在工業時代中被構思出來並以當時數據驗證的理論與研究成果，應該重新以正在努力適應融合未來的公司數據來加以構想與驗證。

該是時候，將「策略」與「數位」這兩個學術領域，融合為不可分割的整體了。

致謝

我們兩位是專業能力互補的商業策略家，專注於創新和轉型，自1980年代中期以來，我們一直在關注彼此的職業生涯。我們在5年前開始共同合作這本書。維傑發表了《三盒解決方案》，並且堅信第三個盒子完全與數位有關。文卡自1980年代末期以來，一直在策略與數位的交會處研究和教學（當時稱為資訊科技〔IT〕），並發表了《數字矩陣》（*The Digital Matrix*），他堅信所有企業遲早都會數位化，並與數位原生企業競爭。

當我們見面時很快就達成共識，對於數位在工業公司中的角色仍然有很多顧慮。我們認為，儘管已有許多書籍探討數位議題，儘管「數位轉型」這個詞被過度使用，但仍然迫切需要一本專注於工業公司的書籍。對於經過機器工程訓練的文卡來說，這聽起來很合乎邏輯；完全不需要說服他。

我們的合作因為幾個共同信念和價值觀而得到強化。我們相信，最好的商學院研究必須兼具嚴謹性和適用性。我們受到觀念的啟發，但努力尋求有影響力的觀念。我們既希望推進理論，又希望推進解決真實企業經理人面臨問題的解決方案。最後，我們都對本書所探討的核心研究問題充滿熱情：**重資產的工業公司如何利用即時數據和人工**

智慧，創造新價值空間？

若沒有許多人的諸多貢獻，我們就無法完成本書。

以下幾位企業數十位忙碌的執行長、營運長、數位長和資訊長，與我們分享他們的想法與觀察：福特、多佛、丹納赫、賓士、強鹿、DJI、奇異、通用汽車、Honeywell、馬恆達、勞斯萊斯、三星、西門子、驪住、TVS Motor 以及惠而浦。

這樣規模和範疇的項目需要資源。維傑要感謝塔克商學院院長 Matt Slaughter 對其慷慨的財政支持。文卡要感謝奎斯特羅姆商學院院長 Susan Fournier 及 David J. McGrath Jr. 教授職位提供的財政支援，以完成本書。

我們很幸運有一個卓越的編輯團隊來為這本書提供服務。Anand Raman 協助我們用以引人入勝的風格重新編寫研究，並在執行訪談和框架論點時，對關鍵問題的關注發揮了重要作用。我們也很幸運能與 HBR Press 的 Kevin Evers 合作，他使我們的論點更為尖銳，讓這本書變得更好。

維傑的話：我要感謝我的家人。Kirthi，我的妻子和最好的朋友，一直是我最敏銳的批評者和最堅定的支持者。我的女兒 Tarunya 和 Pasy，以及我的女婿 Adam Stepinski 和 Michael Mirandi，他們都有數位方面的專長，與他們的對話形塑了我對融合策略的思考。我真誠地感激他們的善意、同理心與愛。沒有他們不懈的鼓勵和支持，我為了本書投入的無數個小時就無法取得成果。

文卡的話： 著手撰寫一本書會占用家庭生活的時間。我衷心感謝內人 Meera，感謝她堅定的鼓勵讓我完成這本書，因為她知道這個主題對我這位已轉型為數位策略學者的工程師有多麼重要。

　　最後，我們想感謝你閱讀我們的書。我們希望你能利用融合策略的深入見解，啟發加速貴組織在融合未來中取得勝利的旅程。

資料來源

第 1 章

1. Alfred Chandler Jr. 的經典著作《*Scale and Scope: The Dynamics of Industrial Capitalism*》仍是學術界與實務圈的策略思考根基。
2. 我們用「數位科技業」(digitals) 一詞來指代在 20 世紀末和 21 世紀初成立時即為數位科技的公司；這些組織沒有 20 世紀中後期發展起來的工業的傳統限制。我們在本書中交替使用「工業」（相對於數位科技業）和「工業公司」這兩個術語。
3. McKinsey and Company, "What Is the Metaverse?," McKinsey, August 17, 2022, https://www.mckinsey.com/featured-insights/mckinsey-explainers/what-is-the-metaverse。雖然麥肯錫預估到 2023 年，元宇宙可能為預期的國內生產毛額增加 5 兆美元，相當於增加 2% 到 3%，但我們認為以產業部門的實際轉變來看，其下限應為 1%。
4. Mark Harris, "Tesla's Autopilot Depends on a Deluge of Data," IEEE Spectrum, August 4, 2022, https://spectrum.ieee.org/tesla-autopilot-data-deluge.
5. 我們是以《哈佛商業評論》(*Harvard Business Review*) 介紹我們數據圖譜概念的文章〈The Next Great Digital Advantage〉(2022 年 5-6 月) 為基礎。
6. Don Reisinger, "All Companies Should Live by the Jeff Bezos 70 Percent Rule," Inc., June 27, 2020, https://www.inc.com/don-reisinger/all-companies-should-live-by-jeff-bezos-70-percent -rule.html.

第 2 章

1. Bill Ready, "Working with Merchants to Give You More Ways to Shop," The Keyword, May 18, 2021, https://blog.google/products/shopping/more-ways-to-shop.
2. 如需 Google 的購物數據圖譜更新的概述，請參閱：Randy Rockinson, "4 Ways Google's Shopping Graph Helps You Find What You Want," The Keyword, February 7, 2023, https://blog.google/products/shopping/shopping-graph-explained。
3. "Data Is the New Gold. This Is How It Can Benefit Everyone— While Harming No One," World Economic Forum, July 29, 2020, https://www.weforum.org/agenda/2020/07/new-paradigm-business-data-digital-economy-benefits-privacy-digitalization.

資料來源 | 231

4. 如需整體概述，請參閱：Albert-Laszlo Barabasi 的著作《Linked: The New Science of Networks》（New York: Basic Books, 2014）; Sangeet Paul Choudary, "The Rise of Social Graphs for Businesses," hbr .org, February 2, 2015, https://hbr.org/2015/02/the-rise-of-social-graphs-for-businesses。
5. "From Discovery to Checkout: Shopify and Google Deepen Commerce Collaboration," Shopify, May 27, 2021, https://news.shopify.com/from-discovery-to-checkout-shopify-and-google-deepen-commerce-collaboration.
6. "Satya Nadella Email to LinkedIn Employees on Acquisition," Microsoft News Center, June 13, 2016, https://news.microsoft.com/2016/06/13/satya-nadella-email-to-linkedin-employees-on-acquisition/.
7. 對微軟 Microsoft Graph 有興趣的人，請參閱："Overview of Microsoft Graph," Microsoft, March 15, 2023, https://learn.microsoft.com/en-us/graph/overview。
8. Amit Singhal, "Introducing the Knowledge Graph: Things, Not Strings," The Keyword, May 16, 2012, https://blog.google/products/search/introducing-knowledge-graph-things-not.
9. "WPP Partners with Nvidia to Build Generative AI-Enabled Content Engine for Digital Advertising," Nvidia Newsroom, May 28, 2023, https://nvidianews.nvidia.com/news/wpp-partners-with-nvidia-to-build-generative-ai-enabled-content-engine-for-digital-advertising.

第 3 章

1. 有關工業 4.0 的概述，請參閱："Fourth Industrial Revolution," World Economic Forum, accessed October 17, 2023, https://www.weforum.org/focus/fourth-industrial-revolution。
2. "Our Leadership Team: John C. May," John Deere, accessed October 16, 2023, https://www .deere .com /en /our -company /leadership /may -john -c /.
3. 有關福斯汽車的 New Auto 策略，請參閱："Volkswagen Focuses Development for Autonomous Driving," Volkswagen Group News, October 26, 2022, https://www .volkswagen -newsroom .com /en /press -releases /volkswagen -focuses -development -for -autonomous -driving -15271。
4. 範例請參閱："The Economic Potential of Generative AI: The Next Productivity Frontier," McKinsey Digital, June 14, 2023, https://www .mckinsey .com /capabilities /mckinsey -digital /our -insights /the -economic -potential -of -generative -ai -the -next -productivity -frontier# business -value。
5. 關於《彭博社》的聲明，請參閱："Introducing BloombergGPT, Bloomberg's 50-Billion Parameter Large Language Model, Purpose-Built from Scratch for Finance," Bloomberg, March 30, 2023, https://www.bloomberg.com/company/press/bloomberggpt-50-billion-parameter-llm-tuned-finance.Forthoseinterestedinthedetailedacademicarticle,seehttps://arxiv.org/abs/2303.17564。
6. Sal Khan, "Harnessing GPT-4 So That All Students Benefit. A Nonprofit Approach for Equal Access," Khan Academy, March 14, 2023, https://blog.khanacademy.org/harnessing-ai-so-that-all-students-benefit-a-nonprofit-approach-for-equal-access.
7. 關於 R2 Data Labs 的概述，請瀏覽："Digital-First Culture," Rolls-Royce, accessed October 17, 2023, https://www.rolls-royce.com/innovation/digital/r2-data-labs.aspx。
8. 想要了解網飛如何將概念模型打造成推薦系統的主要部分，請瀏覽："Recommendations: Figuring Out How to Bring Unique Joy to Each Member," Netflix Research, accessed October 17, 2023,

https://research.netflix.com/research-area/recommendations。
9. 想要了解 Airbnb 如何開發知識圖譜，請瀏覽：Xiaoya Wei, "Contextualizing Airbnb by Building Knowledge Graph," Medium, January 29, 2019, https://medium.com/airbnb-engineering/contextualizing-airbnb-by-building-knowledge-graph-b7077e268d5a。
10. 想要了解 Uber 如何利用數據圖譜來改善營運以及提供差異化服務，請瀏覽：Ankit Jain et al., "Food Discovery with Uber Eats: Using Graph Learning to Power Recommendations," Uber Blog, December 4, 2019, https://www.uber.com/blog/uber-eats-graph-learning。
11. 有關西門子的工業知識圖譜使用案例，請參閱：Thomas Hubauer, "Use Cases of the Industrial Knowledge Graph at Siemans," *International Workshop on the Semantic Web*（2018），https://ceur-ws.org/Vol-2180/paper-86.pdf；有關博世的知識圖譜概述，請瀏覽：Sebastian Monka et al., "Learning Visual Models Using a Knowledge Graph as a Trainer," Bosch Research Blog, July 28, 2022, https://www.bosch.com/stories/knowledge-driven-machine-learning；有關勞斯萊斯如何利用知識圖譜與 AI，請瀏覽："Tapping AI Technologies to Create Solutions of Tomorrow," Rolls-Royce, accessed October 17, 2023, https://www.rolls-royce.com/country-sites/sea/discover/2021/tapping-ai-technologies-to-create-solutions-of-tomorrow.aspx。
12. 有關運用領域的詳細資訊，請參閱："Generative AI," BCG, accessed October 17, 2023, https://www.bcg.com/capabilities/artificial-intelligence/generative-ai。
13. Elliott Grant, "Machine Learning Is Imperfect. That's Why It's Ideal for Agriculture," Mineral, April 27, 2023, https://mineral.ai/blog/machine-learning-is-imperfect-thats-why-its-ideal-for-agriculture.

第 4 章

1. 麥可・波特的 3 個一般策略，自 1980 年代以來即為領域策略的框架。
2. "Data, Insights and Action," Rolls-Royce, https://www.rolls-royce.com/country-sites/india/discover/2018/data-insight-action-latest.aspx.
3. "GE Aviation: Soaring Apart from Competition with Data Analytics," Harvard Business School Digital Initiative, Technology and Operations Management, MBA Student Perspectives, November 15, 2017, https://d3.harvard.edu/platform-rctom/submission/ge-aviation-soaring-apart-from-competition-with-data-analytics.
4. "Introducing Yocova," Rolls-Royce, February 10, 2020, https://www.rolls-royce.com/media/press-releases/2020/10-02-2020-intelligentengine-introducing-yocova-a-new-digital-platform-designed.aspx.
5. Marc Andreessen, "Why Software Is Eating the World," Andreessen Horowitz, August 20, 2011, https://a16z.com/2011/08/20/why-software-is-eating-the-world.
6. Marc Andreessen, "It's Time to Build," Andreessen Horowitz, April 18, 2020, https://a16z.com/2020/04/18/its-time-to-build.

資料來源 | 233

第 5 章

1. "Master Plan Part 3," Tesla, April 5, 2023, https://www.tesla.com/nsvideos/Tesla-Master-Plan-Part-3.pdf
2. Brandon Bernicky, Twitter post, November 12, 2019, https://twitter.com/brandonbernicky/status/1194444012494761989.
3. 如需有關 Waymo 如何打造的背景資訊，請參閱：Dmitri Dolgov, "How We've Built the World's Most Experienced Urban Driver," Waymo, August 19, 2021, https://waymo.com/blog/2021/08/MostExperiencedUrbanDriver.html。
4. "Mercedes-Benz and Nvidia: Software-Defined Computing Architecture for Automated Driving Across Future Fleet," Mercedes-Benz Group, June 23, 2020, https://group.mercedes-benz.com/innovation/product-innovation/autonomous-driving/mercedes-benz-and-nvidia-plan-cooperation.html.
5. Angus MacKenzie, "Mercedes-Benz CEO Ola Kallenius on EVs Reinventing the Three-Pointed Star," *MotorTrend*, July 26, 2023, https://www.motortrend.com/features/mercedes-benz-ceo-ola-kallenius-2023-ev-interview.
6. "FIAT Metaverse Store, the World's First Metaverse-Powered Showroom, a Revolution in Customer Experience," Stellantis, December 1, 2022, https://www.media.stellantis.com/em-en/fiat/press/fiat-metaverse-store-the-world-s-first-metaverse-powered-showroom-a-revolution-in-customer-experience.
7. "Toyota Research Institute Unveils New Generative AI Technique for Vehicle Design," Toyota Newsroom, June 20, 2023, https://pressroom.toyota.com/toyota-research-institute-unveils-new-generative-ai-technique-for-vehicle-design.
8. Jeff Immelt, "Digital Change Is Hard for Industrial Companies," LinkedIn, March 12, 2019, https://www.linkedin.com/pulse/digital-change-hard-industrial-companies-jeff-immelt.
9. 如需有關特斯拉如何收集與分析這類資料的詳細資訊，請參閱：Mark Harris, "The Radical Scope of Tesla's Data Hoard," *IEEE Spectrum*, August 3, 2022, https://spectrum.ieee.org/tesla-autopilot-data-scope。
10. 這個口語的說法普遍被認為是沃德・康寧漢（Ward Cunningham）所說，並且於德國在 2016 年的一場研討會上變成正式的用語，學術界和產業界專家對此的定義如下：「在軟體密集型系統中，技術債務是指一連串在短期內採取權宜之計所形成的設計或實現結構，但是這種權宜之計所建構的技術環境，可能會使未來變更時的成本更高或甚至無法進行變更。技術債務是一種真實的負債或是或有負債（contingent liability），影響限於內部系統的品質，主要是維護能力與發展能力。
11. "Toyota Blockchain Lab, Accelerating Blockchain Technology Initiatives and External Collaboration," Toyota Newsroom, March 16, 2020, https://global.toyota/en/newsroom/corporate/31827481.html.

第 6 章

1. Lora Kolodny, "Deere Is Paying Over $300 Million for a Start-up That Makes 'See-and- Spray' Robots," CNBC, September 6, 2017, https://www.cnbc.com/2017/09/06/deere-is-acquiring-blue-river-technology-for-305-million.html.

2. "Sustainability at John Deere," John Deere, accessed July 23, 2023, https://www.deere.com/en/our-company/sustainability.
3. Deere & Company, "Deere to Advance Machine Learning Capabilities in Acquisition of Blue River Technology," September 6, 2017, https://www.prnewswire.com/news-releases/deere-to-advance-machine-learning-capabilities-in-acquisition-of-blue-river-technology-300514879.html.
4. Deere & Company, "Focused on Unlocking Customer Value, Deere Announces New Operating Model," June 17, 2020, https://www.prnewswire.com/news-releases/focused-on-unlocking-customer-value-deere-announces-new-operating-model-301078608.html.
5. "CNH Industrial to Acquire Raven Industries, Enhancing Precision Agriculture Capabilities and Scale," CNH Industrial Newsroom, June 21, 2021, https://media.cnhindustrial.com/EMEA/CNH-INDUSTRIAL-CORPORATE/cnh-industrial-to-acquire-raven-industries--enhancing-precision-agriculture-capabilities-and-scale/s/8cd082be-4e36-44f0-a6ea-bfe897740e79.
6. Rob Bland et al., "Trends Driving Automation on the Farm," McKinsey & Company, May 31, 2023, https://www.mckinsey.com/industries/agriculture/our-insights/trends-driving-automation-on-the-farm.
7. Brandon Webber, "Digital Agriculture: Improving Profitability," Accenture, August 28, 2020, https://www.accenture.com/us-en/insights/interactive/agriculture-solutions.
8. Shane Bryan et al., "Creating Value in Digital-Farming Solutions," McKinsey & Company, October 20, 2020, https://www.mckinsey.com/industries/agriculture/our-insights/creating-value-in-digital-farming-solutions.
9. 這些見解取自我們與奇異電器經營團隊的討論內容。
10. "Intelligent Machines, Empowered People," ABB Newsroom, May 31, 2021, https://new.abb.com/news/detail/78740/intelligent-machines-empowered-people.

第 7 章

1. Juan Pedro Tomas, "How Honeywell Helped the Burj Khalifa Become a Smart Building," RCR Wireless News, May 14, 2018, https://www.rcrwireless.com/20180514/internet-of-things/burj-khalifa-smart-building.
2. Matt Bereman et al., "Building Products in the Digital Age: It's Hard to 'Get Smart,' " McKinsey & Company, June 6, 2022, https://www.mckinsey.com/industries/engineering-construction-and-building-materials/our-insights/building-products-in-the-digital-age-its-hard-to-get-smart.
3. "The Last Gap in Industrial Digitization—the Deskless Worker," Honeywell Forge, accessed July 21, 2023, https://www.honeywellforge.ai/us/en/article/how-connectivity-helps-the-deskless-worker.
4. Martin Casado and Peter Lauten, "The Empty Promise of Data Moats," Andreessen Horowitz, May 9, 2019, https://a16z.com/2019/05/09/data-network-effects-moats.
5. John Hunter, "Ackoff on Systems Thinking and Management," W. Edwards Deming Institute, September 2, 2019, https://deming.org/ackoff-on-systems-thinking-and-management.
6. 有關動態生態系統中的協調者與參與者的角色，更詳細的討論內容，請參閱文卡．文卡查曼的著作《The Digital Matrix: New Rules for Business Transformation through Technology》（Los Angeles: LifeTree Media, 2017）第六章。

資料來源 | 235

7. 範例請參閱私人創投公司安德里森霍羅維茲（Andreessen Horowitz）提出的概念：Zeya Yang and Kristina Shen, "For B2B Generative AI Apps, Is Less More?" March 30, 2023, https://a16z.com/2023/03/30/b2b-generative-ai-synthai，以及 Matt Bornstein and Rajko Radovanovic, "Emerging Architectures for LLM Applications," June 20, 2023, https://a16z.com/2023/06/20/emerging-architectures-for-llm-applications。我們預期將看到更強大的領域特定模型，讓融合系統使用於多個環境中。
8. 有關數位與再生農業的背景，請參閱：John Foley, "How Digital Technologies Can Bring Greater Scale to Regenerative Farming," Sygenta Group, February 2021, https://www.syngentagroup.com/en/how-digital-technologies-can-bring-greater-scale-regenerative-farming。有關使其成功運作的生態系統的重要性，請參閱：Tania Strauss and Pooja Chhabria, "What Is Regenerative Agriculture and How Can It Help Us Get to Net-Zero Food Systems. 3 Industry Leaders Explain," World Economic Forum, December 19, 2022, https://www.weforum.org/agenda/2022/12/3-industry-leaders-on-achieving-net-zero-goals-with-regenerative-agriculture-practices。
9. "Honeywell Teams Up with Microsoft to Reshape the Industrial Workplace," Microsoft News Center, October 22, 2020, https://news.microsoft.com/2020/10/22/honeywell-teams-up-with-microsoft-to-reshape-the-industrial-workplace; "Honeywell, SAP Launch Connected Buildings Solution to Help Operators Make Smarter Real Estate Decisions," Honeywell, May 19, 2021, https://www.honeywell.com/us/en/press/2021/05/honeywell-sap-launch-connected-buildings-solution-to-help-operators-make-smarter-real-estate-decisions.
10. 特斯拉聲明開場的幾句話（請參閱：Elon Musk, "All Our Patent Are Belong to You, Tesla, June 12, 2014, https://www.tesla.com/blog/all-our-patent-are-belong-you）非常有力：「昨天，我們在位於帕羅艾爾托的總部大廳裡看見一道特斯拉專利牆。但現在的情況不再如此。這些專利已經被移除，以開放原始碼運動的精神促進電動車技術的發展。」
11. Gil Appel, Juliana Neelbauer, and David A. Schweidel, "Generative AI Has an Intellectual Property Problem," hbr .org, April 17, 2023, https://hbr.org/2023/04/generative-ai-has-an-intellectual-property-problem.
12. R. V. Guha, "Data Commons: Making Sustainability Data Accessible," The Keyword, April 21, 2022, https://blog.google/outreach-initiatives/sustainability/data-commons-sustainability.
13. 例如，可參閱這篇文章摘要介紹的課程：Robert L. Grossman, "Ten Lessons for Data Sharing with a Data Commons," *Scientific Data* 10, no. 120（2023）, https://www.nature.com/articles/s41597-023-02029-x。

第 8 章

1. Shelby Myers, "Analyzing Farm Inputs: The Cost to Farms Keeps Rising," American Farm Bureau Federation, March 17, 2022, https://www.fb.org/market-intel/analyzing-farm-inputs-the-cost-to-farm-keeps-rising.
2. "The Cash-less Amazon Go Store," Vested Finance, accessed October 17, 2023, https://vestedfinance.com/in/blog/the-cashier-less-amazon-go-store /.
3. "Digital Engineering and Manufacturing," Accenture, accessed April 7, 2023, https://www.accenture.com/us-en/insights/industry-x-index.

4. "Mineral," X—the Moonshot Factory, accessed April 7, 2023, https://x.company/projects/mineral.

第 9 章

1. "2023 Deere & Company at a Glance," John Deere, 2023, https://www.deere.com/assets/pdfs/common/our-company/deere-&-company-at-a-glance.pdf.
2. 強鹿公司的《2020 Sustainability Report》中摘要的每英畝 40 美元的估算金額，只適用於 8 種已部署的技術。（詳細資訊請參閱 https://www.deere.com/assets/pdfs/common/our-company/sustainability/sustainability-report-2020.pdf。）預期融合未來將能讓強鹿可能針對各產業超過 1,500 億美元的潛在市場規模。
3. "2023 Deere & Company at a Glance."
4. "John Deere Technology and Innovation," John Deere, accessed October 17, 2023, https://www.deere.com/international/en/our-company/innovation /.
5. 有關這一點的討論可見於維傑‧古文達拉簡的著作 The Three-Box Solution（Boston: Harvard Business Review Press, 2016）。
6. 這個概念有時又稱為阿瑪拉定律（Amara's Law），被認為是未來研究所（Institute for the Future）的前所長洛伊‧阿瑪拉所説。
7. 有關詳細的討論，請參閱文卡‧文卡查曼的著作：The Digital Matrix: New Rules for Business Transformation through Technology（Los Angeles: LifeTree Media, 2017）。特別是關於企業應該持續聚焦於找出強大的運算機器所能做的事，以便將有智慧的人力資源導向至人類與機器合作會比人類或機器獨立運作更有效率的事。
8. 強鹿於 2022 年宣布一項關於衛星通信機會的提案請求。請參閱：https://www.deere.com/en/news/all-news/john-deere-announces-request-for-proposals-for-satellite-communications-opportunity。

後記

1. Michael S. Scott Morton, ed., The Corporation of the 1990s: Information Technology and Organizational Transformation（New York: Oxford University Press, 1991）. See also N. Venkatraman, "IT-Enabled Business Transformation: From Automation to Business Scope Redefinition," MIT Sloan Management Review 35, no. 2（Winter 1994）.
2. Michael E. Porter and Victor E. Millar, "How Information Gives You Competitive Advantage," Harvard Business Review, July 1985.
3. Tim Berners-Lee, "Information Management: A Proposal," March 1989, Word document, https://www.w3.org/History/1989/proposal.html.
4. John C. Henderson and H. Venkatraman, "Strategic Alignment: Leveraging Information Technology for Transforming Organizations," IBM Systems Journal 32, no. 1（1993）: 4–16。另請參閱：Irving Wladawsky-Berger, "Turning Points in Information Technology," IBM Systems Journal 38, nos. 2 and 3（1999）: 449–452。
5. N. Venkatraman, "Five Steps to a Dot-Com Strategy: How to Find Your Footing on the Web," MIT Sloan Management Review 41, no. 3（Spring 2000）: 15-28; Vijay Govindarajan and Chris Trimble,

Ten Rules for Strategic Innovators: From Idea to Execution（Boston: Harvard Business School Press, 2005）; Vijay Govindarajan, *The Three-Box Solution: A Strategy for Leading Innovation*（Boston: Harvard Business Review Press, 2016）。

6. 如需平台的概述，請參閱：Geoffrey G. Parker, Marshall W. Van Alstyne, and Sangeet Paul Choudary, *Platform Revolution: How Networked Markets Are Transforming the Economy—and How to Make Them Work for You*（New York: W. W. Norton & Co., 2016），以及 Michael A. Cusumano, Annabelle Gawer, and David B. Yoffie, *The Business of Platforms: Strategy in the Age of Digital Competition, Innovation, and Power*（New York: Harper Business, 2019）。

7. 如需最近有關生態系統的討論，請參閱：Ron Adner, *Winning the Right Game: How to Disrupt, Defend, and Deliver in a Changing World*（Cambridge: MIT Press, 2021），以及 Mohan Subramaniam, *The Future of Competitive Strategy: Unleashing the Power of Data and Digital Ecosystems*（Cambridge: MIT Press, 2022）。

8. Anandhi Bharadwaj et al., "Digital Business Strategy: Toward a Next Generation of Insights," *MIS Quarterly* 37, no. 2（June 2013）: 471–482.

9. Venkat Venkatraman, *The Digital Matrix: New Rules for Business Transformation through Technology*（Los Angeles: LifeTree Media, 2017）; David L. Rogers, *The Digital Transformation Playbook: Rethink Your Business for the Digital Age*（New York: Columbia Business School Publishing, 2016）; Sunil Gupta, *Driving Digital Strategy: A Guide to Reimagining Your Business*（Boston: Harvard Business Review Press, 2018）; Marco Iansiti and Karim R. Lakhani, *Competing in the Age of* Notes 195 *AI: Strategy and Leadership When Algorithms and Networks Run the World*（Boston: Harvard Business Review Press, 2020）; Robert Siegel, *The Brains and Brawn Company: How Leading Organizations Blend the Best of Digital and Physical*（New York: McGraw-Hill, 2021）; Stephanie L. Woerner, Peter Weill, and Ina M. Sebastian, *Future Ready: The Four Pathways to Capturing Digital Value*（Boston: Harvard Business Review Press, 2022）; Thomas H. Davenport and Nitin Mittal, *All-in on AI: How Smart Companies Win Big with Artificial Intelligence*（Boston: Harvard Business Review Press, 2023）.

10. Vijay Govindarajan and Jeffrey R. Immelt, "The Only Way Manufacturers Can Survive," *MIT Sloan Management Review*（Spring 2019）.

11. Michael Chui et al., "The Economic Potential of Generative AI: The Next Productivity Frontier," McKinsey & Co., June 14, 2023.

國家圖書館出版品預行編目（CIP）資料

AI融合策略：工業巨頭如何擁抱人工智慧、即時數據，華麗轉型成未來智慧工業／維傑‧高文達拉簡（Vijay Govindarajan），文卡‧文卡查曼（Venkat Venkatraman）著；呂佩憶譯. -- 初版. -- 臺北市：城邦文化事業股份有限公司商業周刊，2025.08
　　面；　公分
譯自：Fusion strategy : how real-time data and AI will power the industrial future
ISBN 978-626-7678-42-8（平裝）

1.CST：人工智慧　2.CST：大數據　3.CST：資訊科技　4.CST：產業發展

312.83　　　　　　　　　　　　　　　114007117

AI融合策略

作者	維傑・高文達拉簡（Vijay Govindarajan）、 文卡・文卡查曼（Venkat Venkatraman）
譯者	呂佩憶
商周集團執行長	郭奕伶

商業周刊出版部

副總經理	張勝宗
總監	林雲
責任編輯	盧珮如
封面設計	李東記
內文排版	黃齡儀
出版發行	城邦文化事業股份有限公司 商業周刊
地址	115台北市南港區昆陽街16號6樓
電話	（02）2505-6789 傳真：（02）2503-6399
讀者服務專線	（02）2510-8888
商周集團網站服務信箱	mailbox@bwnet.com.tw
劃撥帳號	50003033
戶名	英屬蓋曼群島商家庭傳媒股份有限公司城邦分 公司
網站	www.businessweekly.com.tw
香港發行所	城邦（香港）出版集團有限公司 香港九龍九龍城土瓜灣道86號順聯工業大廈6樓A室 電話：（852）2508-6231 傳真：（852）2578-9337 E-mail：hkcite@biznetvigator.com
製版印刷	中原造像股份有限公司
總經銷	聯合發行股份有限公司 電話（02）2917-8022
初版1刷	2025年8月
定價	400元
ISBN	978-626-7678-42-8
EISBN	978-626-7678-44-2（PDF）／978-626-7678-43-5（EPUB）

Fusion Strategy:How Real-Time Data and AI Will Power the Industrial Future
Original work copyright © 2024 by Vijay Govindarajan and Venkat Venkatraman
Published by arrangement with Harvard Business Review Press
Unauthorized duplication or distribution of this work constitutes copyright infringement.
All rights reserved Chinese translation rights published by arrangement with Business weekly, a division of Cite Publishing Limited

版權所有・翻印必究
Printed in Taiwan（本書如有缺頁、破損或裝訂錯誤，請寄回更換）
商標聲明：本書所提及之各項產品，其權利屬各該公司所有。

金商道

The positive thinker sees the invisible, feels the intangible, and achieves the impossible.

惟正向思考者，能察於未見，感於無形，達於人所不能。——佚名